行业节能减排先进适用技术评价方法及应用

温宗国　曾维华　李会芳　韩　娟　著

科学出版社

北　京

内 容 简 介

节能减排先进适用技术筛选与评价工作尚处于起步阶段，在管理实践中主要依赖于专家判断，主观性较强，缺乏量化评价，筛选评价结果不确定性较大。本书针对工业节能减排的特点和技术属性，综合考虑资源、环境、经济等因素，研究提出了节能减排技术分类与评价指标体系框架，介绍了流程型、离散型和混合型行业的技术体系构建方法、技术筛选评价流程；应用开发了多属性综合评价、生命周期评价、成本效益分析和专家辅助综合评价等四种定量化的技术评价方法，并选取多个典型行业实现了方法学的实证应用，还进一步提供了节能减排技术遴选与评估的信息化服务平台。本书成果可推动工业节能减排技术评价方法向规范化、定量化发展，为技术政策制定和节能减排目标管理提供有效支撑。

本书适合企业、行业节能减排管理者与技术人员、从事技术推广与服务的中介机构使用，也可用于为科研院所、大专院校的科研工作者和学生开展技术评价相关研究提供参考。

图书在版编目 (CIP) 数据

行业节能减排先进适用技术评价方法及应用 / 温宗国等著 . —北京：科学出版社，2018. 3

ISBN 978-7-03-056249-4

Ⅰ.①行⋯　Ⅱ.①温⋯　Ⅲ.①节能–技术评估–研究–中国　Ⅳ.①TK01

中国版本图书馆 CIP 数据核字（2018）第 006276 号

责任编辑：刘　超 / 责任校对：彭　涛
责任印制：张　伟 / 封面设计：无极书装

科 学 出 版 社 出版

北京东黄城根北街 16 号
邮政编码：100717
http://www.sciencep.com

北京建宏印刷有限公司 印刷
科学出版社发行　各地新华书店经销

*

2018 年 3 月第　一　版　开本：720×1000　B5
2018 年 3 月第一次印刷　印张：18 1/4
字数：350 000

定价：188.00 元
（如有印装质量问题，我社负责调换）

前　言

改革开放以来，中国一直处于快速工业化和城镇化的进程中，粗放型的发展模式消耗了大量能源和资源，使得环境污染问题突出、资源能源约束加剧。行业节能减排成为促进产业结构调整和经济发展方式转型的重要抓手。工业是中国资源能源消耗和污染排放的主要领域，是节能减排工作的重点和难点。"十三五"期间，中国仍将处于工业化中后期发展的重要阶段，能源资源和环境约束更趋强化，工业转型升级和绿色发展的任务十分繁重。加快转变经济发展方式、实现工业绿色转型升级、应对全球气候变化、提升产业国际竞争力、完成全国节能减排目标对工业节能减排技术措施和管理机制提出了更高要求。

工业节能减排主要通过结构调整、技术进步和加强管理三种途径来实现。"十一五""十二五"期间一些见效快、成本低的措施已基本实行，淘汰了大量的落后产能。工业技术进步和推广普及为实现国家节能减排目标发挥了重要作用。与此同时，工业节能减排空间越来越窄，加快推进先进技术变革和普及应用是支撑节能减排持续深入、工业结构绿色转型的基础性工作。

当前中国行业技术发展总体不平衡，单位产品能耗和污染排放水平参差不齐，先进和落后技术装备并存。在产业结构和能源消费结构短期内没有出现重大变化的情况下，强化技术手段在解决节能减排工作中的根本作用是优先的选择。尤其是在中国高能耗、高污染的主要行业中，加快推广节能减排先进适用技术，提升工业整体工艺技术水平，进一步降低单位产品能耗和污染物排放，是建设资源节约型、环境友好型工业的重要途径，是推行绿色工厂的关键措施。

节能减排先进适用技术遴选和评价工作在实际操作中还存在一些突出问题，这些突出问题成为当前制约技术推广应用的重要瓶颈。一是目前节能减排技术目录与技术政策制定缺乏系统规范的遴选和评价，评价标准和方法参差不齐、科学性和引导性不足使得先进适用技术遴选结果存在较大不确定性。二是工业领域广、技术种类多、体系复杂、跨度大，缺乏技术应用指南和工程实践数据，难以满足企业多样化的技术选择需求，技术目录与实际推广效果差异较大。三是节能减排先进适用技术信息渠道不通畅，有效信息不完整，技术推广市场化机制不健全，尚未形成促进技术推广的有效政策。因此，当前迫切需要形成节能减排先进适用技术遴选、评价与推广的长效机制，强化节能减排技术管理，引导企业开展节能减排技术改造和产业升级，支持和保障"十三五"节能减排目标的实现。

欧美发达国家由于其产业的工艺技术体系清晰、企业基础数据扎实，自2000年以来基本形成了定量为主、较为成熟的评估方法或导则（如欧美的最佳可行技术管理）。中国工业节能减排技术遴选与评价工作尚处于起步阶段，还未建立科学、规范的技术遴选与评价体系，这使得工业节能减排技术政策的制定主要依赖专家判断和对行业技术水平、技术发展趋势的经验性预测，主观性较强。特别是在节能减排的实际技术管理工作中缺乏量化的技术评价手段，技术遴选评价结果随机性强甚至自相矛盾。此外，对技术的污染物减排效益、资源能源节约效益、经济效益及相应所需的固定投资、可变投资等，开展综合性成本效益分析的实际应用较少，无法有效满足工业节能减排形势和企业实际需求。

中国多个相关节能减排工作主管部门已开展了节能减排技术目录、技术清单、技术导则等政策研究和发布工作。但由于各部门从各自职能需求出发，针对的实际需求不同，因此各类技术目录、清单之间的协调性、系统性存在诸多问题，缺乏编制规范、技术遴选和评价的程序及方法，所提供的技术信息也不尽相同。这给企业判断技术适用性、应用节能减排技术目录的过程中带来了困难，显著地影响了节能减排先进适用技术的推广应用。

综上，工业节能减排先进适用技术遴选与评价工作应建立统一、可操作性强的技术遴选和评价的标准化方法，形成规范化的评价流程。根据工业节能减排技术属性和关键特征，建立相应的技术分类和评价指标体系，统一指标的系统核算边界。采用科学定量的技术评价方法，结合基于专家经验的定性判断，切实为企业节能减排先进适用技术选择提供可靠保障，以更好地满足企业节能减排技术改造、技术更新和绿色发展的迫切需要。

在国家自然科学基金优秀青年科学基金项目"行业节能减排机制与政策"（项目编号：71522011）、"十一五"国家科技支撑计划"重点行业节能减排技术评价与应用研究"课题（课题编号：2009BAC65B01）的资助下，清华大学课题组针对流程型、离散型和混合型行业的资源能源代谢特征，构建了标准化的技术分类体系及其特征化评价指标；根据行业技术特性、环境控制目标和数据可得性等条件，开发了多属性综合评价、生命周期评价、成本效益分析评价等多种适用性较强、可灵活组合和相互验证的技术评价方法。工业和信息化部（以下简称工信部）、科学技术部（以下简称科技部）、财政部三部委联合发布《关于加强工业节能减排先进适用技术遴选、评估与推广工作的通知》（工信部联节〔2012〕434号），单列一章明确推广《工业节能减排技术评估指标体系与评估方法》（附件1）。

行业节能减排先进适用技术遴选评价方法在钢铁、水泥、有色金属、石油化工等 11 个行业中得到了广泛应用，并成功实现从 2053 项备选技术中遴选出 605 项，形成的《工业节能减排先进适用技术目录》《工业节能减排先进适用技术指南》《工业节能减排先进适用技术应用案例》（以下分别简称《技术目录》《技术指南》《应用条例》）被工信部、科技部、财政部三部委联合发布，从而加快建立业节能减排先进适用技术遴选、评估及推广的长效机制，推进工业节能减排技术成果应用这 11 个行业的《技术目录》《技术指南》《应用条例》可关注清华大学环境学院循环经济产业研究中心的公众号（thu-cice）进行下载和阅读。进入《技术目录》的 605 项技术名称见附件 3。

"多属性综合评价方法"被科技部采纳作为《节能减排与低碳技术成果转化推广清单》统一的技术评价方法，分别针对能效提高技术、废物和副产品回收再利用技术、清洁能源技术、温室气体削减和利用技术四类技术，评价遴选出第一批（科技部公告 2014 年第 1 号）19 项、第二批（科技部公告 2016 年第 2 号，由科技部、环保部、工信部联合发布）47 项先进技术。该目录的目的是进一步加快转化应用与推广工程示范性好、减排潜力大的低碳技术成果，引导企业采用先进适用的节能与低碳新工艺和新技术，推动相关产业的低碳升级改造。

在《节能减排先进适用技术评估指标体系与评估方法》的支持下，清华大学课题组引入"源头预防–过程控制–末端治理–循环利用"生产全过程思想，针对能、水的消耗和固体废物、污染物、温室气体的排放及技术适用性、经济性指标等核心参数，在工信部和行业协会的组织下，联合众多科研机构建立了 11 个重点行业"原料–产品–工艺–技术"耦合的节能减排技术清单。这一技术清单充分考虑了原料、工艺、规模等结构因素及技术适用性，克服了工业过程和技术构成的复杂性及我国产业结构独特性的难题，以《工业节能减排先进适用技术目录》《工业节能减排先进适用技术指南》《工业节能减排先进适用技术应用案例》的形式被工信部、科技部、财政部三部委正式发布。工业节能减排技术清单及其数据库是制定技术政策、编制技术目录和构建自底向上模型的重要基石，在国际上是开展行业能耗、污染物排放预测和管理的基础性工作。

本书第 1 章、第 2 章针对工业节能减排的关键特点和技术属性，综合考虑资源、环境、经济等因素，研究提出了节能减排技术分类及评价指标体系，建立了适合流程型、离散型和混合型的行业技术体系。在此基础上设计了技术调研共性方法和技术遴选评价流程，为各行业开展技术调研、规范技术遴选评价过程提供了技术支撑。第 3 章至第 6 章介绍了在前期技术调查基础上，开发和应用多属性综合评价、生命周期评价、成本效益分析评价和专家辅助综合评价四种定量化的技术评价方法和软件工具，并选取典型行业开展了节能减排先进适用技术评价的应用案例研究。第 7 章介绍了行业节能减排技术遴选评价及信息服务系统的开发情况，为后续开展技术管理工作提供了长效平台。著书过程得到了工信部节能与综合利用司、科技部社会发展科技司及主要行业协会的指导和支持。中国环境科学研究院孙启宏研究员对污染治理技术分类给予了指导，四川大学建筑与环境学院王洪涛副教授提供了本书4.2节的初稿。

　　行业节能减排先进适用技术评价方法，使得技术遴选实现了从单因子评价转向多维度、多介质和多目标的系统评价转变，改变了2000年以来常用专家头脑风暴法制定节能减排技术目录与政策的做法，显著减少了评估的主观性和随机性。行业节能减排先进适用技术评价方法与应用实践，对于推动工业开展技术节能减排技术的第三方评价，构建工业节能减排的技术管理体系和制定技术政策，推动工业企业开展工艺升级与节能减排技术改造，形成工业技术遴选、推广的长效机制具有重要作用，为我国行业节能减排技术推广的中长期决策提供了基础工作。

温宗国

2017 年 6 月 20 日

目　录

第1章 节能减排先进适用技术遴选与评价

1.1 中国节能减排的形势分析

1.1.1 中国节能减排目标

节能减排是中国转变经济发展方式、调整产业结构的一项长期的战略性工作。自"十一五"开始，中国政府就高度重视节能减排工作。2009 年 11 月 25 日，国务院常务会议决定，将"到 2020 年全国单位 GDP 二氧化碳排放比 2005 年下降 40% ~45%"作为约束性指标，纳入"十二五"及其后的国民经济和社会发展中长期规划，并制定相应的国内统计、监测、考核办法加以落实。"十二五"期间，随着工业化、城镇化进程加快和消费结构持续升级，中国能源需求呈刚性增长。国家在国民经济与社会发展"十二五"规划中明确提出："十二五"期间单位国内生产总值能耗和二氧化碳排放分别降低 16% 和 17%，主要污染物排放总量减少 8% ~10%。到"十二五"末，实际单位国内生产总值能耗和二氧化碳排放分别完成降低 18.2%、20%，主要污染物排放总量减少 13% ~19%。2016 年 3 月，"十三五"规划纲要进一步提出：到 2020 年，单位国内生产总值能耗和二氧化碳排放分别降低 15% 和 18%，主要污染物排放总量减少 10% ~15%（表1-1）。受国内资源保障能力和环境容量制约及全球性能源安全和应对气候变化影响，当前资源环境约束日趋强化，"十三五"时期节能减排空间减少、成本增高，形势严峻，任务艰巨。

当前中国工业 GDP 占全国 GDP 的比重为 43%，工业能源消耗占全社会能源消耗的 70% 以上，是能源资源消耗最多的主要部门。其中，钢铁、石化、有色金属、建材、装备制造业等行业是能耗大户。轻工、纺织、医药行业产品众多，废水量大，污染严重。这些行业都具有典型的工艺流程特点，主要的耗能和污染物排放集中在生产制造环节。汽车、船舶、电子行业制造产业能耗虽然所占比例不大，但产品在使用过程中的能耗和污染排放不容忽视。装备制造业中的内燃机使用能耗巨大，在使用内燃机过程中的大气污染排放问题也很严重。在这些重点行业大力推进节能减排先进适用技术具有重要的现实意义。

表1-1　"十一五"以来国家节能减排约束性指标及完成情况　　　（单位：%）

指标		"十一五"时期		"十二五"时期		"十三五"时期	
		2010 规划目标	2010 实际达成	2015 规划目标	2015 实际达成	2020 规划目标	2020 比 2005 年指标降低情况①
单位 GDP 能源消耗降低		20 左右	19.1	16	18.2	15	43.8
单位 GDP 二氧化碳排放降低		—	—	17	−20	18	34.4（比 2010 年）
主要污染物排放总量减少	化学需氧量	10	14.29	8	12.9	10	32.8
	氨氮	—	—	8	18	10	26.2（比 2010 年）
	二氧化硫	10	12.45	10	13	15	35.3
	氮氧化物	—	—	10	18.6	15	26.7（比 2010 年）

注：①2020 年比 2005 年指标降低情况按照"十三五"规划目标全部实现的估算结果。

1.1.2　工业节能减排形势

"十一五"以来，中国通过淘汰落后产能、限制"两高一剩"产业，以及推进能效对标等措施，节能减排工作取得了实质性成效。中国在未来较长一段时间内继续处于重化工业化时期，能源消耗需求量仍将持续保持高位，污染物排放量仍然巨大。同时，节能减排工作还存在责任落实不到位、推进难度增大、激励约束机制不健全、基础工作薄弱、能力建设滞后、监管不力等问题，节能减排面临的形势依然非常严峻，需要做出更大的努力。

1. 钢铁行业

钢铁工业是一个高耗能、高污染的产业，也是节能减排潜力最大的行业之一。钢铁行业能源消耗占全国总能耗的10%～15%，废气、废水、废渣排放量占全国总排放量的14%。钢产量的快速增长带来了能耗的急剧增加，同时污染物排放问题日益突出，产业发展与资源环境的矛盾日趋尖锐。"十一五"以来，钢铁行业加大产业结构调整力度、淘汰大量落后产能，为节能降耗起到了积极作用。2015 年重点钢铁企业吨钢综合能耗降低至 572kgce,吨钢二氧化硫排放量下降到 0.85kg,吨钢烟粉尘排放量下降到 0.81kg,吨钢耗新水量下降到 3.25t,能源消耗总量呈下降趋势。

中国钢铁工业发展不平衡,中小钢厂数量多,钢铁企业间总体技术水平差距较大。虽然有些钢铁企业节能减排已达到国际先进水平。但是这些钢铁企业大多是引进国外的先进技术,并进行消化吸收,企业本身缺乏自主创新能力,节能减排技术的研发能力不足,鲜有自主知识产权的技术。与此同时,还存在大量的工艺与装备落后的钢铁企业。钢铁工业主体设备大型化与国际水平也有较大差距。未来钢铁行业仍为中国的重点产业,是经济社会发展的基础保障,面临的节能减排任务很重。钢铁行业未来的结构减排空间已不大,要进一步挖掘节能减排潜力,需要从提高工艺技术水平和加大节能减排技术改造入手,从根本上提高钢铁行业,尤其是行业内中小企业的技术和管理水平。

2. 石化行业

石化行业能耗和污染物排放水平居各类工业行业前列,综合能源消费量占全国能耗总量的 13% 左右,规模以上企业"三废"排放量在全国工业中位居前列。其中,能耗高污染严重的有炼油、乙烯、合成氨(或甲醇)、氯碱、电石、染料和农药行业。《石化和化学工业"十二五"发展规划》中明确了节能减排目标:全行业单位工业增加值用水量降低 30%、能源消耗降低 20%、二氧化碳排放降低 17%,化学需氧量(COD)、二氧化硫、氨氮、氮氧化物等主要污染物排放总量分别减少 8%、8%、10%、10%,挥发性有机物得到有效控制;炼油装置原油加工能耗低于 86kgce/t,乙烯装置燃动能耗低于 857kgce/t,合成氨装置平均综合能耗低于 1350kgce/t。

石化行业产品多、种类复杂,单位产品的能耗、物耗同国外先进水平的差距显著。炼油行业相当部分装备实际能耗达不到设计指标,同行业之间也存在较大差距;乙烯行业技术装备国产化水平有待进一步提高,在工艺过程控制节能和能量集成优化等方面有很大潜力;国内合成氨中小型装置数量多、技术水平差异大,能耗较高;氯碱行业生产企业数量众多,但多以小企业为主,技术落后,在资源能源回收利用和污染治理方面与先进企业差距较大。总体来看,石化行业存在节能减排技术整体水平不高、低能耗生产工艺研发不足、科研开发与技术创新能力薄弱等问题,且对于成套节能减排成熟技术领域的技术推广、专项设立支持等力度不够。同国际先进水平对比,中国石化行业节能减排潜力很大,需要加大科技创新力度,推广先进技术应用,提高石化行业技术水平。

3. 有色金属行业

中国是有色金属生产大国,连续 7 年 10 种主要有色金属的产量都位居世界第一,2000~2007 年 10 种主要有色金属产量由 783 万 t 增加到 2360 万 t,年增长速度为 28.74%。2016 年全国 10 种有色金属产量合计为 5283 万 t,同比增长 2.5%。随着生产规模的不断持续扩大,能源消耗和污染物排放总量也随之逐年增加,这造成严重的环境污染。有色金属行业占国内能源消费总量的 5% 左右,虽然有色行业能源消费总量所占比例与 GDP 贡献值基本相当,但与西方国家相比,节能潜力仍然较大。在污染物排放方面,二氧化硫和重金属污染是该行业的减排重点。硫的总利用率只有 64% 左右,近年来不断出现重金属污染事故和事件。

有色金属行业品种多、集中度低,技术装备参差不齐,自"十五"开始国家就大规模开展了技术改造,淘汰落后产能,这使得综合能耗大幅下降,但与世界先进技术水平还存在一定差距。近年来,有色金属行业快速发展,引进了大量国外先进工艺及技术装备,行业技术水平有了大幅提高,但技术设备国产化行业新技术、新工艺研发及推广力度不够。部分生产技术和装备相对落后,单位产品和万元产值原材料、能源消耗偏高。随着环保要求的提高,企业对大气和重金属污染等先进防治技术有很大需求。

4. 汽车行业

汽车行业能耗与资源消耗逐年增加,污染日益严重,节能减排重要性日益凸显。汽车行业是能源与资源消耗大户,全球汽车行业每年要消耗全球橡胶产量的 50%、全球玻璃产品的 25% 和全球钢材产量的 15%。中国每年新增石油需求的 2/3 来源于交通运输业。机动车尾气是最大的城市大气污染源,污染物种类繁杂。近年来,机动车尾气已经取代了工业污染,成为中国城市大气污染的最大污染源。中国汽车行业的单位产值能耗和物耗均呈现下降趋势,但行业单位产值能耗水平高于全国 GDP 单位能耗水平,一定程度上反映了其节能减排进展和潜力。

汽车制造节能减排技术的系统性、整体性强,隐性特征明显。汽车制造节能减排技术既包括以"冲、焊、涂、装"等主工艺环节技术的节能减排,也包括工艺环节匹配整合的节能减排;汽车制造节能减排技术既包括工艺整体节能减排技术主线,也包括作业管理、物流运输、配套保障、生产系统适时优化等辅助系统支撑水平辅线。西欧、美国和日本是世界汽车工业发达的国家和地区,汽车节能减排技术相对成熟。中国商用汽车领域拥有一批具有国际竞争力的自主企业,但自主企业以中低端产品为主,其节能减排技术相对落后但处于发展阶段。而在乘用车领域,虽然通过引进先进产品和生产作业技术,快速形成了面向内需市场的供给能力,乘用车整体的技术性能已经接近国际水平,但高技术含量的中高级乘用车、关键零部件产品和生产作业技术基本处于外资控制状态。中国汽车行业近年来通过自主创新和技术引进等措施,在节能减排方面取得了一定的成果,如涂装清洁生产技术、混合动力技术等。虽然国家已经出台了一些节能减排通用技术政策,如企业清洁生产技术标准、行业污染物排放标准等,但汽车行业节能减排技术政策仍处于比较薄弱的状态。

5. 轻工行业

轻工行业是 8 个重点耗能行业之一,能源消耗量约占全部工业的 6.75%。但轻工行业废水排放量占全国工业废水排放总量的 28%,主要污染物化学需氧量(COD)排放占全国工业排放总量的 50%。轻工业涉及行业多,各行业的产品、原料、工艺等情况差别很大,情况复杂。《轻工业调整和振兴规划》中明确规定了 2009～2011 年节能减排的目标:到 2011 年,主要行业 COD 排放比 2007 年减少 25.5 万 t,降低 10%。其中,食品行业减少 14 万 t、造纸行业减少 10 万 t、皮革行业减少 1.5 万 t;废水排放比 2007 年减少 19.5 亿 t,降低 29%。其中食品行业减少 10 亿 t,造纸行业减少 9 亿 t、皮革行业减少 0.5 亿 t。造纸、食品(酒精、发酵等)、皮革、电池等行业是我国重点的节能减排行业,通过工艺技术改造和加大落后生产能力淘汰,已经取得了较大成效。

中国轻工行业节能减排技术的发展已取得了长足进步,然而整体水平并不高,行业技术装备与国际先进水平的差距较大,产业结构不尽合理,产业技术亟待升级。例如,造纸行业只有少数企业达到国际先进水平,且多为引进国外的系统设备,大部分企业生产工艺水平低,吨产品综合能耗和综合取水量较高,中小型企业装备技术和管理落后,整体装备技术水平亟待提高。发酵行业企业生产水平和技术装备水平差距大,吨产品耗水量在 30～150t,资源综合利用深度不够。皮革行业目前自动化装备和污染物减排、废弃物资源化利用技术应用水平不高。酒精工业原料消耗大、污染物产生量相对较高、行业自身耗能大。能源热效率不高,热电联产等技术还需大力推进,节能减排技术改造任务仍很艰巨。电池行业技术水平与国外有很大差距,铅酸蓄电池的生产技术落后、规模小、质量较差、污染严重。制盐行业技术及装备水平落后,近年来引进国外先进装备较多,在产能规模、制盐工艺、生产技术与国外大体相似,但装备、管理及自动化控制与国外差距仍较大,综合能耗是国外先进水平的两倍,生产效率仅为国外先进水平的 1/10。

6. 纺织行业

纺织工业是中国传统支柱产业，产量占世界的45%，但同时也是水污染的重点行业，其废水排放量和COD排放量占全国39个行业的第三位和第二位。纺织行业总体能耗约占39个行业部门的6%，超过平均水平。从原料（如棉花）直至最终产品（如服装）单位产品的能耗约为4.84tce。中国纺织工业发展很快，子行业和产品众多，中小企业（特别是印染行业）比例高，生产工艺、生产设备、管理水平、水耗、能耗与排污采纳远落后于发达国家，譬如吨产品水耗、综合能耗约高出发达国家的1倍。

纺织工业在快速发展的过程中，长期积累的矛盾和问题也日渐凸显。企业自主创新能力薄弱，高技术、功能性纤维和复合材料开发滞后，高性能纺织机械装备主要依靠进口；节能减排基础管理比较薄弱，尤其是对能源和用水管理不够重视，管理粗放，跑冒滴漏严重，印染能源利用率只有35%左右；以节能降耗为目标的新技术、新工艺、新装备的开发应用还存在较多问题，技术突破少，新技术应用范围不广；节能减排的激励机制不够完善，加上纺织企业利润率比较低，在节能减排上的资金投入严重不足。面对以上矛盾和问题，纺织行业达到国家强制性标准要求、完成国家下达的节能减排任务非常艰巨。

7. 电子信息行业

电子信息行业产品种类多，行业内组织装备千差万别，企业规模也有很大不同。电子信息产品在制造、包装、运输、使用及废弃回收过程都存在能耗和污染物排放。由于电子产品的广泛应用，产品使用能耗非常突出。据统计，2007年，中国电子信息产业耗电量开始超过500亿kW·h（其中通信行业耗电量达到200亿kW·h），这几乎相当于三峡电站一年的发电总量，此后电子信息产业耗电量持续增长。其他电子产品如电视、个人计算机、打印机、服务器等每年的耗电量也相当可观。电子信息行业的节能减排工作重点主要集中在自身工艺过程、节能产品的设计和推广、对其他行业节能减排工作的技术装备支撑。中国已经出台了一系列政策措施，将电子节能产品作为电子发展基金的重点支持领域，大力研发，推广和应用电子节能新技术、新产品，取得了良好的成效。

电子信息行业技术种类覆盖面广、更新快，整体设备自动化程度高。然而电子行业制造的核心基础大部分掌握在国外先进企业和组织手中，企业创新不够。对新技术的研究和推广应用对电子信息行业仍非常重要。

8. 建材行业

建材行业是中国重要的原材料及制品工业，包括建筑材料及制品、非金属矿物材料、无机非金属新材料三部分，约有 80 多类、1400 多种。其中水泥、建筑陶瓷、平板玻璃产量分别占到世界总产量的 47%、45% 和 41%。建材行业以高温窑业为主要生产特征，是工业领域的能耗大户。建材工业能源消耗总量在全国工业部门中位于电力、冶金、石化之后，居第四位。水泥、砖瓦、建筑陶瓷与卫生陶瓷、石灰、平板玻璃和玻璃纤维行业产量大，生产过程中采用窑炉加热原料，年消耗能源占全部建材行业消耗量的 90% 以上，是建材行业重点耗能产业。中国建材工业目前的发展状况仍以高能耗、高资源消耗、污染环境和生产中低档产品为主要特征，总体水平落后于发达国家 10 年以上。

建材行业产品多、行业企业规模和技术水平差异大。建材工业"十一五"期间在大型新型干法水泥、大型浮法玻璃、大型玻璃纤维池窑拉丝等技术方面达到或接近国际先进水平，并具备了成套装备自主设计和制造能力。但中国建材工业发展仍存在总体能耗高、排放污染物多的特点，废弃物利用和污染物排放整体水平与国外先进水平仍存在明显差距，尤其在水泥窑替代燃料、玻璃全氧燃烧技术等。提高节能减排技术开发能力、加大技术创新和推广力度将是中国建材行业长期和艰巨的任务。

9. 装备制造业

装备制造业是国民经济的物质基础和产业主体，总量占工业的 1/4 强。装备制造行业涉及 7 个领域 169 个子行业，工艺复杂、产品繁多，能源和原材料消耗及污染物排放有其自身的特点。装备制造生产过程消耗大量能源和原材料的同时，也排放大量污染物，且大多是无组织排放，污染物的组分异常复杂。另外，作为为国民经济其他部门提供装备的行业，其所提供的产品在使用过程中仍需要消耗能源，并会对环境造成污染。装备制造行业单位产品综合能耗与工业发达国家相比还存在较大差距，尤其是热加工工艺单位产品综合能耗比工业发达国家高得多。例如，铸造行业吨铸铁件能耗为 0.550 ~ 0.700tce，国外为 0.300 ~ 0.400tce；锻造行业吨锻件平均能耗约为 1.4tce，日本锻造行业吨锻件平均能耗仅 0.515tce；热处理行业平均吨工件热处理能耗为 660kW·h，美国、日本、欧盟等发达经济体热处理行业平均能耗在 450kW·h 以下；柴油机燃油耗与国外同类产品相比要高出 5% ~ 15%，总体排放水平比国际先进水平低一两个档次；通用小型汽油机燃油耗与国外同类产品相比要高出 10% ~ 20%，其中四冲程热机最高者达 26%，总体排放水平比国际先进水平低一至两个档次；中国较先进轴承企业的轴承套圈材料利用率为 70% 左右，普通企业的轴承套圈材料利用率是 50%，发达国家轴承套圈材料利用率水平是 75% 左右。

国家已先后出台了相关政策、规划、标准等对装备制造业进行产业结构调整，淘汰落后产能，并重视节能减排技术的推广应用和高效节能产品的开发，成果显著。但总体上看，装备制造产业大而不强，自主创新能力薄弱，技术研发和推广仍然比较分散，尚未形成系统性的行业节能减排技术体系。因此，需加大节能减排技术改造力度，推进先进制造技术和清洁生产方式，降低能耗，减少污染物排放。

10. 船舶行业

中国船舶工业发展迅速，仅在 2008 年我国造船完工量、承接新船订单和持有船舶订单分别占全球市场份额的 29.5%、37.7% 和 35.5%。2016 年 4 月上述三项分别占全球市场份额的 31.0%、83.2% 和 42.8%。但与发达国家相比，存在自主创新能力不强、增长方式粗放、低水平重复投资、产能严重过剩、船用配套设备发展滞后、海洋工程装备开发进展缓慢等不足。船舶行业节能减排技术领域不仅包括船舶工业企业生产建造过程中的节能和减排，还包括船舶航行中对船舶本身减少能耗和污染物排放。目前造船行业节能工作开展的比较好，产生的污染物较少，但修船业造成的污染较大，减排形势严峻。造船业在节能方面已经取得了一定的成绩。例如，在电能的节约和钢材的利用上取得了可喜的成绩，加之造船业在节能方面还可以进一步提高，发展前景良好。而修船业在减排方面做得不够好，喷砂除锈、油漆喷涂等几道主要的污染工序依然在修船厂所在的江面上进行，减排环保形势严峻。

中国船舶行业所采用的一些技术和设备已经达到了国际领先水平，但同日本和韩国等船舶大国还有一定的差距，并且涉及面不广。国际上对船舶行业减排的要求愈发严格，相关规范、公约密集出台，一些限期执行的强制性要求对我国船舶建造、船舶航运都提出了新的高要求。船舶行业需加快节能减排技术研发和推广，鼓励企业加大技术创新投入，增强自主创新能力。

11. 医药行业

中国医药行业长期以来一直延续"投入–产出–排放"不断仿制、扩大再生产的传统发展模式，在行业不断快速发展的同时，污染排放量也快速增长。制药生产过程原材料投入量大，产出比小、产品附加值较高，生产过程大部分物质最终以废弃物形式废弃，污染问题较突出。据统计，制药工业占全国工业总产值的 1.7%，而污水排放量占 2%，化学需氧量占工业污染排放总量的 4.1%，氨氮占

1.4%，挥发酚占2%，氰化物占1.4%。此外，工业固体废物、废气、二氧化硫排放量也很大。我国是全球最大的化学原料药生产和出口大国之一，其品种多达1500多种。生产过程中排放了大量污染物，对环境产生了严重污染，在治理上面对污染物浓度高、成分复杂、治理成本高、治理难度大，同时恶臭排放污染也比较突出。

中国医药行业一直保持较快的增长速度，经济运行质量与效益不断提高，但医药行业在快速发展的同时，其长期积累的结构性不合理、环保治理不善、资源消费严重等问题日益突出。尤其在国际金融危机的大背景下，落实国家节能减排目标、实施医药产业结构调整与优化升级、转变企业和产业经济增长方式、提高医药的国际竞争力都迫切需要加强节能减排技术的科技支撑力度，对行业重点产品、技术升级进行大力扶持。

1.1.3 工业节能减排途径与措施

1. 工业节能途径与措施

中国已经采取了工业节能政策、产业结构调整等措施，在生产过程中的节能（如资源的优化配置、高效能源的开发与利用等）及节能技术、设备和材料的研发与利用，形成了有效的节能途径和措施。

（1）管理节能

管理节能既是企业开展节能工作的基础，也是提高节能减排的长效手段。管理节能主要通过国家层面和企业层面实现。国家层面的管理节能主要是通过节能主管部门制定相关的节能政策措施。中国有关部门密集制定了一系列政策措施，加强节能管理，制定了分解目标责任，指导节能技术研究、开发和推广应用，节能管理由粗放向精细化过渡。企业层面的管理节能是把管理学的理论与企业管理的实践有机结合，实现社会、企业与员工发展目标的和谐统一。通过制定科学、合理的节能管理规章制度，完善企业能源计量系统，加强能源统计和能源定额管理及能源审计，有利于实行节能目标责任和节能考核评价。通过开展节能监测和诊断，实施管理节能减排，建立企业能源控制和管理中心等；通过对标等活动，与同类行业先进水平进行对比，找出问题和差距。经统计，对企业能源进行现代化管理，可以为企业带来5%左右的节能量。

（2）结构节能

结构调整在节能减排中发挥了重要作用。合理加快调整产业结构、产品结构和能源消费结构，是建立节能型工业、节能型社会的重要途径。结构节能的范围比较广，大到产业结构调整，小到生产线、产品结构调整。中国目前处于重工业化和城镇化阶段，高耗能行业、产品比重很大。国家制定了《产业结构调整指导目录》，鼓励发展高新技术产业，优先发展对经济增长有重大带动作用的低能耗的信息产业，不断提高高新技术产业在国民经济中的比重。鼓励运用高新技术和先进适用技术改造和提升传统产业，促进产业结构优化和升级。研究制定促进服务业发展的政策措施，发挥服务业引导资金的作用，从体制、政策、机制、投入等方面采取有力措施，加快发展低能耗、高附加值的第三产业，重点发展劳动密集型服务业和现代服务业，扭转服务业发展长期滞后的局面，提高第三产业在国民经济中的比重。

"十一五"以来，国家对落后的耗能过高的用能产品、设备实行淘汰制度，节能主管部门定期公布淘汰的耗能过高的用能产品、设备的目录，并加大监督检查的力度。达不到强制性能效标准的耗能产品或建筑，禁止出厂销售或开工建设。对生产、销售和使用国家淘汰的耗能过高的用能产品、设备的企业，要加大惩罚力度。制定钢铁、有色、水泥等高耗能行业发展规划、政策，提高行业准入标准。制定限制用能的领域及国内紧缺资源和高耗能产品出口的政策。严禁新建、扩建常规燃油发电机组；在区域供电平衡、能够满足用电需求的情况下，限制柴油发电和燃油的燃气轮机的使用和建设。这一系列措施为工业节能减排工作做出了很大贡献，在未来结构减排工作中将继续实施，但其节能空间已经日渐缩小。

（3）技术节能

提高工业行业清洁生产技术水平是实现行业节能减排的根本手段。工业节能技术可分为能源资源优化开发利用与合理配置技术、重点生产工艺节能技术。由于行业技术水平差距大，部分中、小型企业生产落后，技术水平低，能耗高，节能潜力巨大。中国也发布了一系列相关节能技术推广应用的政策，如发展改革委员会发布了一系列节能技术目录等。"十一五"以来，很多成本低、推广应用容易的技术得到大力推广应用，技术节能为节能目标的实现提供了支撑。目前我国技术节能仍有很大潜力，通过节能技术改造、能源回收与综合利用、清洁生产技术的研发和推广应用，增强终端行业用能技术水平，为节能工作打下良好的基础。

2. 工业减排途径与措施

污染物减排可从工程减排、结构减排和管理减排实现。

（1）工程减排

污染减排技术应用是采取污染治理工程而实现主要污染物总量减排措施，包括水污染治理工程建设和 SO_2 治理工程建设等。工程减排是实现污染物总量控制的重要手段。据不完全统计，"十一五"期间，中国污染物减排目标主要通过工程减排来完成，其成效非常明显。2010 年末，脱硫机组的装机能力约是 2005 年以前的 10 倍，从 4000 万 kW 增加到 4.7 亿 kW。城市污水处理厂由 2005 年的 5000 万 t 日处理能力提高到了 2009 年的 1 亿 t 污水日处理能力，"十一五"期间污水处理厂的建设数量较此前 50 年总量增加 1 倍。

（2）结构减排

调整产业结构、淘汰落后产能为主要污染物总量减排做出了一定贡献。结构减排主要以电力、钢铁、建材、电解铝、铁合金、电石、焦炭、化工、煤炭、造纸、食品等行业中工艺落后、能耗高、污染严重的企业及产能为对象，通过淘汰一批落后生产线，提高了产业集中度，为行业清洁生产和污染物控制提供了有利条件和基础。

（3）管理减排

严格环境执法监管、实现污染物稳定达标排放，以及提高重点污染行业排放标准、实施清洁生产等环境管理手段是实现主要污染物总量减排的措施。管理减排是一项长期任务，不能松懈。

3. 行业节能减排途径与措施

大力推进工业行业结构调整和优化，加快淘汰落后产能、遏制"两高一资"行业过快增长，走科技含量高、能源效率高、资源消耗低、环境污染少的新型工业化道路，是中国工业节能减排的一项长期工作。结构调整是一项长期任务，在一定时期内技术减排更具有实效性，而开发并应用先进适用技术将是完成中国节能减排目标的科技保障。

"十一五"以来，容易实施、低成本的减排措施已基本实施，未来节能减排的难度加大。为了提高行业节能减排技术水平、加强先进适用技术的推广应用，中国应坚持开展重点行业废水、废渣的回收、处理及资源化等清洁生产技术研发，支持企业开展节能、节水、节材和资源综合利用等技术改造，降低单位 GDP 的资源能源消耗和污染物排放。

1.2　中国节能减排面临的问题

目前中国重点行业能耗高、污染比重大。行业技术水平与世界先进水平还存在一定差距，节能减排技术及其相应政策还有许多瓶颈，尚不足以支撑新形势下节能减排技术推广应用的需求。主要表现在四个方面。

第一，节能减排所需的核心技术和共性技术信息不对称。从企业或行业发展的角度来看，节能减排技术的规模化、产业化和标准化实现难度较大。一方面是企业对节能减排先进适用技术的获取途径不畅，使企业难以自主开展节能减排技术改造；另一方面是中国节能减排技术的政策保障措施和经济手段不足，限制了节能减排关键技术的大规模推广应用。

第二，节能减排技术管理手段的支撑力度不够。从政府部门行政管理的角度来看，目前行业节能减排技术管理手段主要包括了促进产业结构调整、淘汰落后产能的政策措施及节能减排技术政策（如企业清洁生产技术标准、行业污染物排放标准、限期淘汰落后技术、发布限制淘汰鼓励技术目录等）。这些措施的制定主要依赖于专家经验的判断和对行业技术水平、技术发展趋势的简单评价，其主观性较强，难以进行量化评价。此外，这些措施对技术的污染物减排、资源能源节约、经济成本降低等综合效益缺乏考虑。

第三，现有目录和技术政策的可操作性有待加强。现有节能减排技术目录和技术政策难以引导行业节能减排技术改造。一是技术发展最新进展未能开展定量化的科学评价并及时动态公布更新，缺乏先进性和引导性；二是现有目录和技术政策由多方参与制定，缺乏规范和标准的支撑，企业参考不同技术目录进行改造产生的节能减排效果差异较大；三是技术目录或技术政策宏观性较强，技术细节深入程度不够，难以直接作为企业进行技术选择的依据；四是技术的边界条件和适用条件不明确，节能减排效果计量不统一，缺乏技术经济性分析，影响了行业的推广应用。

第四，节能降耗与污染削减的技术改造尚未得到高度重视。为了提高效益和收率，降低能耗，降低成本，企业在工艺创新、设备改进、生产环节优化方面投入较大的人力和财力进行改造、完善和提升，而对于优化清洁工艺、降低排放污染等方面给予的重视不够，技术政策在降低排放污染、三废处理方面的力度还得不到贯彻落实。

1.3　先进适用技术评价方法

在技术促进节能减排工作中，先进适用技术的储备、数据的积累、科学的技术评价方法、操作性强的技术政策，是新形势下推进节能减排工作中解决技术与政策瓶颈的突破口。因此，建立统一的技术评价方法，遴选工业节能减排先进适用技术并大力推广应用，是工业节能减排管理的一项长期工作。

1.3.1　节能减排先进适用技术定义

根据重点行业节能减排的现状和面临的挑战，加强先进适用节能减排技术的推广应用，是工业节能减排和产业结构调整的重要途径。

所谓"先进适用技术"是指那些处于领先地位，且相对成熟，适用于中国技术外部环境条件，有必要在全国范围内推广的技术。工业"节能减排先进适用技术"是指在当前及未来一定时期内，在工业行业同类技术中处于先进水平，具有较高的资源能源利用效率、污染排放少、经济性好等特点，适应中国工业行业发展及资源能源条件，成熟可靠，在工业行业内有较大推广潜力的技术。因此，节能减排先进适用技术是针对重点工业行业生产过程中产生的能耗、物耗及污染物排放等问题，为提高工业企业的节能减排水平，该技术应适应某一地区的自然环境现状、市场规模、行业发展及现有的技术发展阶段等因素，可以实现最佳的社会、经济、环境等综合效益。

在实际技术遴选与评价过程，其节能减排先进适用技术是在行业内处于先进水平，其节能减排效果显著，适合有关国家国情和行业发展特点，是在未来值得支持和大力推广的技术。因此，工业节能减排先进适用技术应具备以下特征：①符合国家现行的产业、技术政策；②工艺成熟、技术先进、能源资源效率高、环境影响较小、具有较好的节能减排效果，且技术经济性合理；③在国内具有应用实例，原则上稳定运行时间应至少1年以上；④技术适应性强，在本行业经推广应用具有较大节能减排潜力，技术推广应用前景广阔。

1.3.2　定量化技术评价方法

遴选先进适用的节能减排技术首先需要建立全面、规范的指标体系，选择适合行业特点和科学合理的技术评价方法，从节能减排效果、经济性、先进性、适用性等多角度开展技术评价。考虑到节能减排技术指标的复杂程度、数据的可得性、节能减排技术经济性等，本书主要选择了多属性综合评价、生命周期评价、成本效益分析和专家辅助综合评价四种定量化评价方法，研究开发了适合于行业节能减排技术的定量化评价方法和遴选流程。

1）多属性综合评价方法适合具有技术指标多、备选技术数量大等特点的行业进行评价。该方法具有分析角度全面、定量分析与定性分析结合等优势，能够对复杂、模糊的问题给出定量化评价结果，增加了评价的准确性和可靠性。但在使用时应注意技术评价指标体系中不同指标的取舍，科学合理确定指标权重，都将对节能减排先进适用技术评价结果产生较大影响。

2）生命周期评价方法可以直接基于国家节能减排政策的量化目标，全面地评价各种技术的节能减排效果，并得出综合后的单一量化指标和明确的评价结论。该方法还可用于对比分析不同功能的技术或技术组合。但由于该方法所需数据量大，对汽车、船舶等复杂产品而言，开展生命周期分析工作所需的数据收集工作量很大。

3）成本效益分析方法适合于成本和效益可以量化的工艺技术，基本上可以涵盖所有行业的技术经济性评价，但无法对技术先进性、成熟度、适应性等定性指标进行评价。

4）专家辅助综合评价方法以线性综合评价模型为基础，充分利用行业专家的知识和经验来确定指标体系、指标权重，并对定性指标进行评分后，实现定量化的综合评价。该方法适合在数据可得性较差的情况下实现对多项节能减排技术进行快速遴选和比较判断。

上述四种节能减排技术评价方法及其所采用的技术指标、方法学特点、选择原则及其适用范围对比如表1-2所示。

表1-2 四种技术评价方法比较

评价方法	成本效益分析方法	多属性综合评价方法	生命周期评价方法	专家辅助综合评价方法
评价指标	资源能源消耗指标、资源能源节约指标、污染物排放指标、经济成本指标	资源能源消耗指标、资源能源节约指标、污染物排放指标、经济成本指标、定性指标	资源能源消耗指标、污染物排放指标	资源能源消耗指标、资源能源节约指标、污染物排放指标、经济成本指标、定性技术指标
方法学特点	通过对技术成本和效益进行量化评价，基本上可涵盖所有行业技术经济性评价。但无法对定性指标进行评价	可考虑多种因素，包括难以量化的定性指标，多指标因素，能得到综合评价结果。权重分析过程比较复杂，仍需依赖专家判断	基于国家节能减排政策的量化目标评价技术节能减排效果，可得出单一的综合量化指标和结论。但对数据要求较高	以线性综合评价模型为基础，同时充分利用行业专家的知识和经验可对节能减排技术开展快速比较与选择

评价方法	成本效益分析方法	多属性综合评价方法	生命周期评价方法	专家辅助综合评价方法
选择原则	技术的经济成本数据充分；对技术节能减排的经济性进行判断时	备选技术多，有多项定性指标，需进行综合判断的技术	需综合对比分析节能减排目标下同类或不同种类的技术效果；或技术的环境影响主要来自于不同原材料消耗	技术指标收集容易，有对该类技术数据和应用情况较为熟悉的行业专家资源
适用范围	适用于所有行业的单项或多项技术对比。但需辅助其他方法进行综合判断，如钢铁、有色、轻工等行业	多项同类技术，尤其是指标量化较难的技术，如脱硫技术、有多项定性指标的技术等	理论上适用于所有行业技术的对比分析，尤其是功能不同或原材料差异很大的技术	适用于所有行业技术，简化程序，有利于利用专家经验开展快速遴选和比较

各工业行业可以根据数据可得性、工业技术特点选择其中的一种评价方法单独使用，也可结合多种方法一起使用，对评定结果进行相互印证和对比分析，以得到更全面、科学和客观的评价结果，以及发现不同技术特征因素对评定结果的影响。成本效益分析方法可对所有行业技术节能减排效果的经济性进行评价；多属性综合评价方法适用于多项同类技术的模糊综合评价，尤其是适合对其中有些指标难以量化的技术；生命周期评价方法原则上适用于所有行业技术，可对比分析节能减排目标下的技术效果，尤其是对不同类技术之间的比较。专家辅助综合评价方法可根据专家经验，对节能减排技术进行快速遴选和比较判断。

1.4　先进适用技术遴选方法

1.4.1　技术遴选程序

工业节能减排先进适用技术遴选和评价工作大致分为 3 个阶段：准备阶段、技术调查阶段、技术评价阶段（图 1-1）。

1. 准备阶段

基于各行业节能减排技术研究已有的工作基础和行业专家意见，对目前我国行业内节能减排技术进行初步遴选，提出备选技术清单；根据行业能耗和污染物

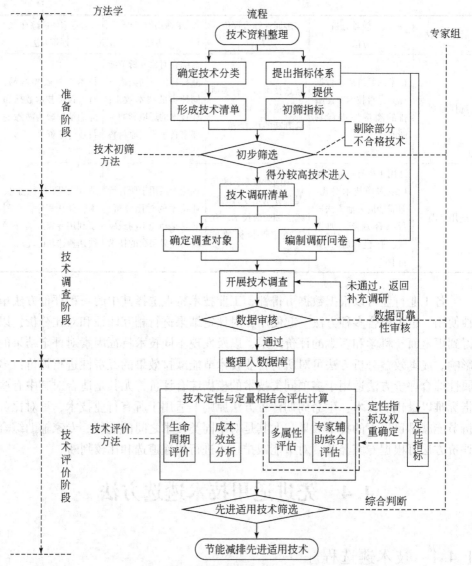

图 1-1　技术遴选评价工作流程

排放等特点确定节能减排技术指标体系。本阶段的主要工作内容包括三部分：
①确定行业技术分类体系、列出备选的初步技术清单；②提出技术评价指标体
系，经行业专家反馈调整确定初步遴选指标，成立行业专家组，召开专家讨论
会，利用技术初筛方法确定评价指标，对备选技术的各项指标进行定性打分；
③对备选技术清单中的技术剔除节能减排指标落后、成熟度低，推广应用范围狭

窄部分的技术，应用初筛方法进行计算排序后，得分较高的形成技术调查清单。

2. 技术调查阶段

针对经过初筛的技术调查清单，采取书面调查与现场调查相结合的方法，获得技术评价工作所需要的技术参数和企业案例。本阶段工作内容主要包括：确定调查对象、编制调研问卷、开展技术调查、数据审核补充、数据整理等工作。

3. 技术评价阶段

利用技术调查数据，采用定性和定量相结合的方式，对备选技术清单进行综合评价。其中，定量化指标以实际技术调查获得的数据为主，定性指标以行业专家的经验判断为主，将两者相结合可确定节能减排先进适用技术。本阶段工作内容主要包括：开展定量和定性相结合的技术评价、先进适用技术目录的确定等工作。

1.4.2 技术初筛

1. 确定技术分类

根据节能减排技术分类的总体框架，结合行业节能减排技术的特点，分析构建本行业节能减排技术的分类体系。

2. 列出初步技术清单

在对被评价行业节能减排技术背景资料全面了解的基础上，列出该行业或重点污染源当前实际应用的主要技术，形成初步技术清单，并按照构建的技术分类体系对清单中的技术进行分类。

3. 确定技术评价指标

根据技术评价指标体系框架，对技术清单中同类技术的特点进行分析，分类提出适合于本行业的节能减排技术评价指标体系。

4. 成立行业专家组

根据被评价技术所属类型成立相应的行业专家组，即生产过程节能减排技术评价专家组或污染治理技术评价专家组等。也可以根据生产作业流程分组，如钢铁行业可分为铁前专家组、炼铁专家组和炼钢专家组等。行业专家组人数应不少于9人。

5. 确定参选技术及其评价指标

召开行业专家研讨会，对初步技术清单和对应技术评价指标进行讨论，确定参选技术和评价指标体系。备选技术应至少满足以下要求：①在国内有实际应用的工程实例，且能稳定运行 1 年以上；②符合国家当前节能减排相关的产业、技术政策。

6. 经初步遴选形成调研技术清单

根据专家组确定的技术评价指标体系，选取指标体系中一级指标（如资源消耗水平），经过专家打分、指标赋权重、计算综合指数并排序，剔除部分节能减排指标落后、成熟度低，推广应用范围狭窄的技术，选择实用性强、推广前景好的先进技术进入调研技术清单，实现技术清单的初步遴选，并对这些重点技术开展企业技术调研。

1.4.3 技术调研

1. 确定调查对象

根据初步遴选出来的技术调研清单，选择代表不同设备生产厂家、不同规模、不同使用时间长度、不同区域环境、不同用户管理水平的工程项目，确定调研企业名单。企业调查名单可分为一般调查对象和重点调查对象。

（1）一般调查

一般调查即向企业发放技术调查表，以函调或者访谈的形式进行调查。评价技术人员制作调查表，发往被调查工程所在的单位（技术使用者）；被调查者应如实填写技术运行情况及相关参数，对不能填写的项目要说明理由，调查表填好后返给评价机构。调查总数原则上应不少于行业内企业数量的 20%；如果该行业中小规模企业数量众多、地域分布分散，调查对象的总生产能力应不少于行业总产能的 50%。

（2）重点调查

重点调查即以实地走访的形式进行调查。评价技术人员需对被调查工程所在的单位进行走访，实地考察工程运转情况，收集相关资料、运行参数。必要时选择一些代表性企业，现场取样进行实验室监测分析。通过参考、记录、实测等方式得到所需要的数据，并将其填入调查表中。每种备选技术的现场调查企业数量不少于 3 家。

2. 依据技术评价指标编制调研问卷

各行业依据确定的技术评价指标体系，以及节能减排技术关注的技术原理、适用条件、优缺点、技术应用情况、知识产权情况等编制调研问卷和调研表。调研表编制过程需要征求行业专家组进行完善，确保调研表能够达到预期效果。

3. 开展技术调查

对重点调查企业的技术应用情况进行实地考察收集更为详尽的技术信息。重点调查对象的选取应充分考虑规模差异、地区分布和新老企业类型。一般对于每项技术，重点调查企业的数量在 3~4 家。

调查数据应包括企业案例及技术数据两大部分内容。在技术调查过程中应注意以下问题：①确保调查数据真实、可靠；②调查过程中若发现调查对象确定和调查表设计有问题时应及时调整；③现场调查一定要对工程项目进行认真、细致实地观察，尽量收集详细的资料和信息。

4. 数据审核补充

对调查的数据进行审核、分析、总结，如果发现某些关键数据信息缺乏、不符合要求或难以确定其置信度时，则需要通过问询、走访、实测等方式进行补充调查。具体内容如下：①对比样本企业之间的数据差异，结合文献查阅，识别出质量较差的数据；②通过与技术设计单位沟通或专家咨询等方式，对调研数据质量进行把关；③结合上述两项工作，对存在较大数据误差的企业进行电话回访，对数据予以确认和修正。

5. 数据整理

对所有技术调查数据和企业案例进行整理，依据节能减排技术目录的格式要求，可以建立节能减排先进适用技术数据库（清华大学课题组已经完成第一版的开发），同时也为进一步开展定量化的技术评价和综合比选提供基础。

1.4.4　技术评价

1. 定量评价

当备选技术数量多，部分重要的指标难以获取准确数据，不能通过调查获得数据进行定量化判断时，可选择多属性综合评价方法和专家辅助综合评价方法，对部分指标进行模糊判断，从而实现技术的定量评价。

对技术经济性进行评价时，可选用成本效益评价方法对技术进行定量评价。同时，成本效益分析结果可作为多属性综合评价指标之一，参与先进适用技术的综合评价。如果为了确定技术是否与国家节能减排目标一致，或不同类技术无法直接比较时，可选用生命周期评价方法对技术进行评价。具体技术评价方法的选择依据可参照 2.3 节。

2. 定性评价

对于技术的成熟度、先进性等无法直接量化的指标，需组织专家进行定性判断；结合之前定量评价结果，计算综合评价结果后经行业专家组评审讨论，最终可确定入选的先进适用技术。

3. 确定先进适用技术

评价人员根据被评价技术的节能减排效果、经济性分析等综合评价结果，制定节能减排先进适用技术的遴选原则。主要依据如下：①80% 以上的专家认为可以入选先进适用技术目录的技术；②综合评价结果排名在前 60%（含）的技术。

由于不同行业、不同被评价技术之间差异较大，行业应根据实际情况适当选择和调整约束条件。

1.5　先进适用技术管理体系

为加强节能减排技术管理，促进企业选择先进适用的节能减排技术，提升行业节能减排技术水平，使得通过遴选和评价得到的先进适用技术等研究成果得到有效的利用，根据节能减排先进适用技术评价指标等成果，以及技术推广应用的需求，工信部组织清华大学等 30 多家单位在前期大样本调研和技术遴选、评价的基础上，编制了钢铁等 11 个行业《行业节能减排先进适用技术目录》《节能减排先进适用技术指南》和《节能减排先进适用技术应用案例》。

《行业节能减排先进适用技术目录》（以下简称《技术目录》）重点介绍了技术原理、适用条件、节能减排效果、投资估算、运行费用、投资回收期、技术水平、知识产权和技术普及率，可作为加快重点行业节能减排技术推广普及，引导企业采用先进的新工艺、新技术和新设备的政策依据。该《技术目录》也可作为政府推动行业节能减排技术示范、推广和指导企业开展技术改造的政策文件。入选技术目录的技术应在行业内处于先进水平，节能减排效果显著，适合我国国情和行业发展特点,在"十二五"期间将由相关政府部门支持并在行业企业中大力推广应用。

《行业节能减排先进适用技术指南》(以下简称《技术指南》)重点介绍了行业节能减排现状,技术结构和发展水平,阐述了《技术目录》中各项节能减排先进适用技术的原理、适用范围、主要技术环节和操作参数等。《技术指南》可作为企业选择先进适用生产工艺、开展节能减排技术改造的参考依据,可作为技术服务机构开展节能评价和能源审计、技术咨询和培训的技术规范,可作为行业协会配合政府开展节能减排技术应用的导则。

《节能减排先进适用技术应用案例》选择具有行业代表性、应用效果良好的企业作为案例,其介绍了技术应用概况、主要设备、节能减排效果、经济成本和技术优缺点,可作为节能减排先进适用技术的应用标杆和典型示范。同时,与《技术目录》中的先进适用技术一一对应,选择行业内节能减排技术应用情况良好且具有代表性的企业作为该项技术的应用验证案例,它是对《技术目录》和《技术指南》的重要补充。

三份文件的内容相辅相成,互为补充(图1-2),为工业节能减排技术推广和应用提供了技术支撑,形成我国工业节能减排技术管理体系的重要内容。

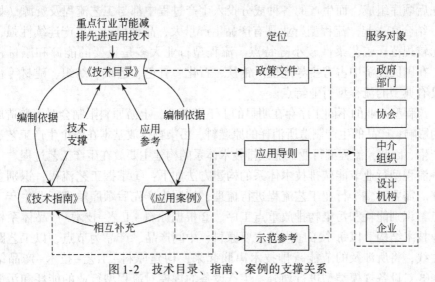

图 1-2　技术目录、指南、案例的支撑关系

第2章 节能减排技术分类及评价
指标体系

2.1 行业特征识别及其技术体系构建

根据生产组织形式的不同，行业可划分为流程型、离散型和混合型三类。根据三种类型的行业特点构建节能减排的技术体系。

2.1.1 流程型行业

流程型行业在生产过程具有明显的流程式生产方式，通常由各种工序按照一定先后顺序组成，而生产的各种成分投入生产过程中都与工艺流程及资源（如设备）结合在一起。流程型行业具有产品生产量大、品种稳定、生产连续性强、流程比较规范、工艺柔性较小等特点。流程型行业大多是重要的能源和原材料工业，在国民经济中占有主导地位。钢铁、石化、有色、造纸、纺织、建材等行业都具有典型的流程型行业特点。

流程型工业的不同工序存在明显的上下游关系，上游原料限制会对下游造成明显的影响；产品的生产制造所消耗的原燃料、污染物排放基本在整个生产工艺过程内产生。因此，流程型行业节能减排技术体系的构建主要放在生产工艺过程。

流程型行业节能减排技术体系的构建方法如下：①掌握工艺流程，识别主要工序。需要对整个行业工艺流程进行梳理，按照生产先后顺序整理行业生产工序节点，识别能耗和污染物排放重点工序。②根据原料-工艺-技术-产品体系构建行业技术结构。以每个工序内的主要原料、中间产品、产品为节点，以工艺路线为主线，将所涉及的节能减排技术串联起来，构建原料-工艺-技术-产品结构图。③对设备规模类型进行划分。生产设备的规模对流程型行业的能耗和污染物排放有很大影响，需要对不同规模的设备进行划分。

2.1.2 离散型行业

离散型行业的节能减排关键工艺技术环节不仅仅局限于生产作业过程，产品使用、报废及再制造过程都具有显著的节能减排潜力。同时,离散型行业的生产工艺专业化程度高、工艺过程复杂,往往由很多离散的工序组成,而且需多个企业协作完成,与钢铁等流程型行业有明显的区别。这类行业的代表有汽车、船舶、电子、装备制造等。

离散型行业在开展节能减排技术评价过程中,应注意以下问题:①需要从行业产品生产–使用–回收–报废的生命全周期角度进行考虑,明确节能减排潜力存在于生产作业环节还是产品使用环节。②对于节能减排潜力在生产作业环节的行业,应从整个产业链分析入手,识别出在整个产业链中节能减排的关键工序,提炼关键工艺技术。③对于节能减排的关键环节主要在产品使用过程的行业(如汽车行业),由于其产品类型繁多,层次复杂,在开展技术评价时应首先识别节能减排潜力较大的产品类型,其次针对具体应用于生产该产品的技术进行分类评价。

根据以上分析,构建了离散型行业节能减排技术评价框架,如图 2-1 所示。

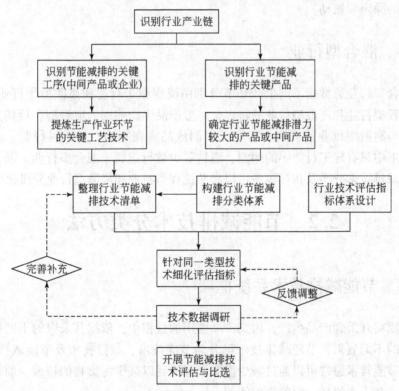

图 2-1　离散型行业节能减排技术评估框架

具体的技术评价过程如下。

1) 从制造过程考虑,识别行业节能减排关键工序。从整个产业链分析入手,确定产品生产制造的逻辑关系，识别主要终端产品或中间产品，包括生产作业环节耗能排污较多或在行业中占有较大比例的产品，继而建立生产环节与节能减排技术的匹配关系。如果对所有工序下的技术都进行考察，其工作量会非常大，且不一定有必要。因此可以通过以上的潜力环节识别，进行重点工序的遴选，从而突出重点并缩小技术清单及数据收集的范围。

2）对于汽车等在使用过程耗能排污较多的行业，应从产品使用过程考虑，识别行业节能减排的关键产品，继而建立产品-技术匹配关系。具体内容包括：对节能减排产生直接效益的（中间）产品，由于此类产品在使用过程的耗能排污较多，因此具有较大的节能减排潜力，如发动机或内燃机。对节能减排产生间接效益的（中间）产品，虽然其在使用时耗能排污较少或者不直接产生影响，但是它作为终端产品的一部分，故对终端产品使用过程的耗能排污也产生较大影响，如发动机部件凸轮轴（其加工精度除对发动机油耗影响较大外，还可极大减少汽车的噪声和振动）。

2.1.3 混合型行业

混合型行业通常指不同生产环节分别由流程型子行业和离散型子行业组成，兼具流程型行业和离散型行业的特点，一般产品生产前期为流程型，后期为离散型。其与离散型行业的区别为后期无半制成品或在制品，如饮料行业、食品行业。本书中只有轻工行业中的酿酒、酒精等少数行业属于混合型行业。混合型行业节能减排技术分类及指标体系可以参照流程型行业和离散型行业分段建立。

2.2 节能减排技术分类方法

2.2.1 节能减排技术系统框架

从原料开采到产品生产，再到产品使用的过程中，依据其采取的不同措施和所获得的不同效果，节能减排技术可分为节能技术、减排技术及节能减排技术。其中，节能技术通常可以通过减少能源资源消耗以减少污染物的排放，而污染物减排技术却需要消耗一定的资源能源。

1. 节能技术

节能技术一般是指可提高能源开发利用效率和效益，减少对环境影响、遏制能源资源浪费的技术，包括单项节能改造技术与节能技术的系统集成，节能型的生产工艺、高性能用能设备、可直接或间接减少能源消耗的新材料开发应用技术，以及节约能源、提高用能效率的管理技术等。

2. 减排技术

减排技术是指可提高资源的开发利用效率和效益、完成主要污染物的总量减排、减少污染物对环境的影响、遏制资源浪费的技术，包括单项减排工艺改造技术与减排工艺的系统建成，减排型的生产工艺、可直接或间接减少污染物排放的新技术的开发应用技术，以及提高资源利用效率的管理技术等。

3. 节能减排技术

通常来讲，节能有利于减排，但减排不一定节能，或者说不同污染物的减排效果是不同甚至是互为冲突的。因此，部分技术存在的环境目标冲突问题是管理上需要突破和解决的。从总体和全局的角度进行规划和部署来讲，节能减排是相辅相成的，不能只针对能源谈节约、针对环保抓减排，而应将二者有机地结合在一起，尤其是需要开展多目标优化的技术评估，避免不同环境目标之间的"转移"。

节能减排技术在本书中可统认为是可节约物质资源和能量资源、减少废弃物和环境有害物（包括三废和噪声等）的排放、遏制资源能源浪费的技术。本书从行业生产主工艺流程出发，将各工序环节涉及的节能减排技术进行分类归纳（图2-2）。根据技术在资源开采、生产制造和产品使用全流程的环节和功能，可以分为生产过程节能减排技术、资源能源回收利用技术、污染物治理技术和产品节能减排技术四大类。不同行业的技术分类可以根据行业涉及的产品、工艺、节能减排的重点环节等特点进行细化。

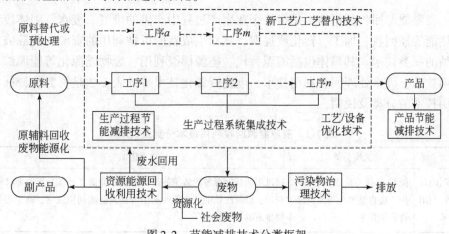

图 2-2　节能减排技术分类框架

流程型行业、离散型行业和混合型行业均可以在节能减排技术分类框架中找到对应的特征。其中,流程型行业节能减排技术主要集中在前端生产过程系统集成和回收利用、环境污染控制阶段,基本不涉及产品技术。离散型行业中产品节能减排技术和生产过程的系统集成则是重点部分。混合型行业则根据产品生产组织的形式和特点,可按节能减排技术分类框架对技术进行归类。

2.2.2　生产过程节能减排技术

生产过程节能减排技术是指产品生产过程中降低物耗、能耗、减少污染物产生量的源头削减技术,具体包括低能耗、低污染的新工艺或工艺替代技术,工艺优化技术,节能减排系统集成技术等。表2-1是生产过程节能减排技术的分类及说明。

表2-1　生产过程节能减排技术分类及说明

一级分类	二级分类	技术说明
生产过程节能减排技术	低能耗、低污染的新工艺或工艺替代技术	包括与传统技术路线完全不同的新生产技术工艺,或替代部分能耗高、污染排放大的技术工艺环节
	工艺优化技术	对工艺中某一环节或技术参数进行优化或设备更新
	节能减排系统集成技术	通过信息技术、监测管理等对生产过程的能耗、污染物排放等进行系统集成,优化生产调度等,如能源管理中心等

2.2.3　资源能源回收利用技术

资源能源回收利用技术是指将企业生产过程中产生的废气、废水、固体废料及热能等经回收、加工、转化或提取,从而生成新的可被利用的资源、能源或副产品的一类技术。其具体包括能源替代、能源梯级利用、废物能源化等能源综合利用技术,废水处理回收利用技术,废物资源化技术等。表2-2是资源能源回收利用技术的分类及说明。

表2-2　资源能源回收利用技术分类及说明

一级分类	二级分类	技术说明
资源能源回收利用技术	能源替代、能源梯级利用、废物能源化等能源综合利用技术	通过用清洁能源替代传统的煤炭等化石能源,开展系统能源梯级利用,以及废物能源化回收利用等提高能源利用效率,减少污染物排放的一类技术

一级分类	二级分类	技术说明
资源能源回收利用技术	废水处理回收利用技术	对废水进行处理以重复利用,以及将废水中资源提取利用等提高水资源利用率、减少废水排放的一类技术
	原辅料回收利用技术	对生产过程中原辅料产生的余料进行回收利用
	废物资源化技术	生产过程产生的废物或系统外废物经过加工重新作为生产原料或其他资源的一类技术

2.2.4　污染物治理技术

污染物治理技术是指通过化学、物理或生物等方法将企业中已经产生的污染物进行削减或消除,从而使企业的污染排放达到环境标准或相关要求的技术。其主要包括水污染治理技术、大气污染治理技术、固废处理处置技术。表 2-3 是污染物治理技术分类及说明。

表 2-3　污染物治理技术分类及说明

一级分类	二级分类	技术说明
污染物治理技术	水污染治理技术	废水处理达标排放技术
	大气污染治理技术	废气、粉尘、烟气及各种大气污染物控制技术
	固废处理处置技术	固体废弃物无害化处理技术

2.2.5　产品节能减排技术

产品节能减排技术是指通过对产品的改造、优化和革新,从而降低产品使用过程中能源消耗、资源消耗和污染物排放的技术。产品节能减排技术应根据产品的具体种类进行划分。

2.3　节能减排技术评价指标体系

技术评价指标既包括生产特性指标、经济指标等可量化的指标,也包括技术先进性、稳定性和成熟度等定性指标。针对行业节能减排技术,根据国内外有关研究成果的比较分析,拟从资源能源消耗、资源能源节约与综合利用、污染物排放、经济成本和技术特性 5 个方面综合考虑,确定节能减排技术评价指标体系的共性框架，为重点行业的技术参数收集工作提供技术支撑。

2.3.1 技术评价的共性指标体系

技术评价共性指标（表2-4~表2-8）列出了技术评价所需要考虑的全部指标类型（包括必选和可选）。在对具体技术设定评价指标体系时，需要结合技术的特点选择适用的指标。

表 2-4 资源能源消耗指标

一级指标	二级指标	参考单位	指标类别	备注
资源消耗指标	主原料消耗	t/单位产品	必选	指转化为最终产品的主要原料
	新水耗	t/单位产品	必选	新鲜水消耗
	辅料、助剂消耗	kg/单位产品	可选	包括各类化学品、助剂、辅助材料
	占地面积	m²/单位产能	可选	
能源消耗指标	综合能耗	tce/单位产品	必选	通过能源平衡汇总计算得到
	电耗	kW·h/单位产品	根据行业特点选择常用的能源作为能源消耗必选指标	
	煤耗	t/单位产品		指作为燃料的煤耗
	油耗	t/单位产品		
	天然气耗	t/单位产品		
	蒸汽耗	t/单位产品		说明蒸汽的性质（压力、温度等）

资源能源消耗指标是技术基本的物质消耗指标，除资源能源回收利用技术外，其他技术都需要额外消耗物质和能量，产生的产品和废物不再回到本工艺过程中。

表 2-5 资源能源节约与综合利用指标

一级指标	二级指标	参考单位	指标类别	备注
资源能源节约指标	节能量	tce/a 或 tce/单位产品	必选	
	节电量	kW·h/a 或 kW·h/单位产品	可选	
	节煤量	t/a 或 kg/单位产品	可选	
	节材量	t/a 或 kg/单位产品	可选	根据资源能源节约与综合利用技术所节约的或回收利用的能源或资源选择相应指标
资源能源综合利用指标	副产蒸汽量	kg 或 kg/单位产品	可选	
	副产电量	kW·h 或 kW·h 单位产品	可选	
	副产煤气量	Nm³/a 或 Nm³/单位产品	可选	
	其他副产品量		可选	

对于以产品划分子行业的，各指标按单位最终主导产品计算；对于按工序划分子行业的，各指标按工序产品计算。在能源消耗指标方面，如有条件应进一步说明各类能源燃料的热值，便于进行生产工艺流程的能源平衡和能源效率计算。

表 2-6 污染物排放指标

一级指标	二级指标	参考单位	类别	备注
水体污染物指标	废水总量	t/单位产品	必选	COD、氨氮对于绝大多数行业而言是必选指标
	COD	kg/单位产品	必选	
	氨氮	kg/单位产品	必选	
	其他水污染物	kg/单位产品	必选	视行业特征补充
大气污染物指标	SO$_2$	kg/单位产品	必选	SO$_2$、NO$_x$为"十二五"关注的空气污染物之一，对大多数行业而言是必选指标
	NO$_x$	kg/单位产品	必选	
	其他行业特征大气污染物	kg/单位产品	必选	
	工业粉尘	kg/单位产品	可选	视行业特征补充
固体废弃物指标	废炉渣	kg/单位产品	根据行业特征确定固体废弃物种类	需要对固体废弃物的具体成分、特性进行说明
	废催化剂	kg/单位产品		
	其他固体废物			
温室气体排放指标	CO$_2$	t/单位产品	可选	
	其他温室气体	t/单位产品	可选	

在确定具体行业需要收集的污染物排放指标时，可参照已有的行业排污标准、清洁生产标准中涵盖的污染物种类。对于一些当前尚未特别关注的有毒有害非常规污染物及"十二五""十三五"规划中关注的污染物种类，在技术可行的情况下也要尽可能收集此类信息，使节能减排技术评价工作具有一定前瞻性。

表 2-7 经济成本指标

一级指标	二级指标	单位	类别	备注
投资	设备投资	万元	必选	需注明投资建设的规模（设计产能）
	基建费用	万元	可选	
运行维护成本	运行费用	元/t 产品	必选	可根据原辅料、能源消耗量及其市场价格核算
	管理维护费用	元/t 产品	可选	可根据行业特征和不同技术分类补充

表 2-8　技术特性指标

指标种类	指标说明
定量指标	与节能减排效果有关的技术经济参数,如反映设备运行效率的指标(高炉、烧结机利用系数等)或反映污染治理设备处理效果的指标(污染物削减率等)

指标种类	一级指标	备注
定性指标	先进性	技术在国际和国内同类技术中所处的地位和水平
	成熟度	技术成熟度可用成熟度高、中、低衡量。也可用技术处于技术生命周期的不同阶段,如研发阶段、试验阶段和生产应用阶段来描述
	稳定性	根据技术运行过程中是否经常停车、是否容易受外界环境影响等进行判断
	普适性	技术适用范围的广泛程度,是否有条件限制,是否易于推广应用
	合规性	指技术是否被现有技术政策所鼓励推荐
	国产化水平	描述该技术在设计、制造、运行管理等方面对国外的依赖程度。依赖性越高,国产化水平越低

技术定性指标一般需要通过行业内的技术专家来进行判断,指标的数量也可根据技术的特点适当予以增减。

2.3.2　不同类型技术与评价指标的对应关系

根据不同行业技术分类,不同类别的技术由于节能减排的特点不同,因此所需考虑的主要指标也不同,四类技术适用的技术评价指标如表2-9所示。其中,各类技术均需一定的成本投入,可以根据技术特点确定一些特定的指标,因此经济成本指标和技术特性指标是所有类型技术均适用的。生产过程和产品使用过程均有大量资源和(或)能源的消耗,并存在一定污染物的排放,因此这两类技术涉及指标体系所有的指标;而资源能源回收利用技术主要关注的是资源、能源的节约和综合利用情况,污染物治理技术则主要关注污染物的削减和达标排放情况,因此这两类技术指标各有侧重。

表 2-9　技术分类与指标体系的关系

技术分类	适用的指标
生产过程节能减排技术	资源能源消耗指标(表2-4)
	资源能源节约与综合利用指标(表2-5)
	污染物排放指标(表2-6)
	经济成本指标(表2-7)
	技术特性指标(表2-8)

技术分类	适用的指标
资源能源回收利用技术	资源能源节约与综合利用指标（表2-5） 经济成本指标（表2-7） 技术特性指标（表2-8）
污染物治理技术	污染物排放指标（表2-6） 经济成本指标（表2-7） 技术特性指标（表2-8）
节能减排产品技术	资源能源消耗指标（表2-4） 资源能源节约与综合利用指标（表2-5） 污染物排放指标（表2-6） 经济成本指标（表2-7） 技术特性指标（表2-8）

2.3.3　流程型行业技术指标体系的构建方法

流程型行业技术评价指标体系的构建主要基于工艺流程进行设计，本节以钢铁行业为例，说明流程型行业技术评价指标体系的构建方法。

1. 行业工艺流程分析及技术清单构建

目前钢铁行业生产工艺分为长流程①和短流程②两种。目前中国钢铁生产仍以长流程为主，主要分为焦化、烧结（球团）、炼铁、炼钢、轧钢5道工序，其中前3道工序是钢铁行业耗能较大、污染严重的工艺环节。

在2.2节讨论的技术分类系统框架基础上，对钢铁生产流程涉及的每个工艺环节进行技术归类。各个工艺环节根据节能减排技术改造的需要可进一步划分子工序，直至不可细分。例如，焦炭生产过程（焦化工序，副产焦炉煤气）可以进一步分为配煤、炼焦、熄焦和煤气净化子工序（图2-3），通过分析每个工序的产品流、废物流，识别关键节点，梳理相关的技术，建立生产过程节能减排技术清单（图2-4）。

---

① 指以铁矿石为原料的钢铁生产流程。
② 指以废钢、铁水为原料的钢铁生产流程，一般从电弧炉炼钢开始。

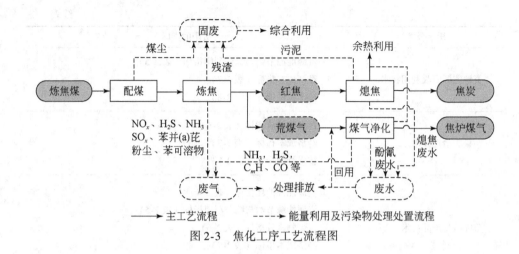

图 2-3　焦化工序工艺流程图

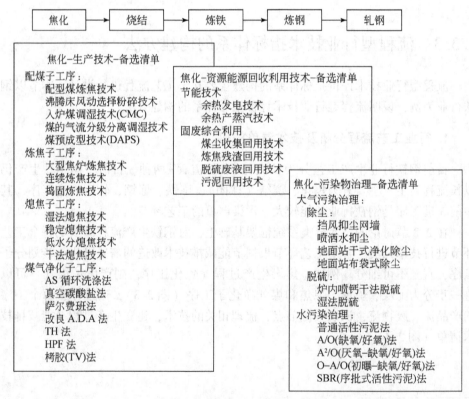

图 2-4　备选技术清单示例（钢铁行业焦化工序）

2. 生产过程节能减排技术的评价指标体系构建

生产工艺是各个工序中物质与能量转换的核心载体，也是耗能产污的关键环节，其评价指标应全面考虑生产过程中的资源能源消耗、污染物排放及相应的经济成本。在构建二级指标时，首先需要识别生产技术所在工序上的物质输入与输出情况，列出资源能源消耗和污染物排放清单，选择主要的物质消耗、重点关注污染物或行业特征污染物列为二级指标。以钢铁行业焦化工序为例，生产过程技术的评价指标如表 2-10 所示。

表 2-10　钢铁行业焦化工序生产技术评价指标（示例）

一级指标	二级指标	参考单位
资源消耗	洗精煤消耗	t/t 焦炭
	新鲜水消耗	t/t 焦炭
能源消耗	炼焦煤消耗	t/t 焦炭
	电耗	$kW \cdot h/t$ 焦炭
	煤气消耗	GJ/t 焦炭
污染物排放	焦化废气排放量	Nm^3/t 焦炭
	粉尘排放量	kg/t 焦炭
	SO_2 排放量	kg/t 焦炭
	焦化废水排放量	t/t 焦炭
	COD 排放量	kg/t 焦炭
	氨氮排放量	kg/t 焦炭
	氰化物排放量	kg/t 焦炭
	焦化固废产生总量	t/t 焦炭
	CO_2 排放量	t/t 焦炭
经济成本	设备投资	万元
	运行维护费用	元/t 焦炭
技术特性指标	技术先进性	—
	技术成熟度	—
	技术运行稳定性	—
	技术普适性	—
	技术合规性	—
	技术国产化水平	—

3. 资源能源回收利用技术的评价指标体系构建

资源能源回收利用技术根据节约的物质类型可细分为节能技术、节水技术、固废综合利用技术等。这些技术往往是附属在生产过程技术上的具有节能减排效果的一类技术，与企业的主体生产工艺有很强的耦合关联。这类技术需重点考察技术的节约量、副产品等资源能源综合利用指标及经济效益指标。表 2-11 为焦炉煤气余热发电技术评价指标体系。

表 2-11 焦炉煤气余热发电技术评价指标体系（示例）

一级指标	二级指标	参考单位
资源能源综合利用指标	发电量	$kW \cdot h/a$
	节能量（除去设备能耗）	$kW \cdot h/a$
技术成本	设备投资（产能规模）	万元
	运行费用	元/a
技术特性指标	焦炉煤气综合利用率	%
	技术先进性	—
	技术成熟度	—
	技术运行稳定性	—
	技术普适性	—
	技术合规性	—
	技术国产化水平	—

4. 污染物治理技术的评价指标体系构建

对于污染物治理技术，考察的核心是该项技术的污染治理效果，确保使企业达到排放标准并付出合理的经济成本。根据处理的污染物介质的不同，污染物治理技术可以分为大气污染治理技术、水污染治理技术、固废处理处置技术等。这些技术选择不同的污染物减排指标及特征指标。由于行业污染物种类多、差异大，如大气污染治理技术又可分为除尘技术、脱硫技术等。因此，在进行二级指标的构建之前，应对行业的主要排污情况进行识别，整理出主要的污染治理技术和相应的关键指标。表 2-12 为焦炉煤气脱硫技术评价指标体系。

表 2-12 焦炉煤气脱硫技术评价指标体系（示例）

一级指标	二级指标	参考单位
大气污染物指标	烟气处理总量	m^3
	烟气 H_2S 产生浓度	mg/ m^3 烟气
	处理后 H_2S 排放浓度	mg/ m^3 烟气
	可达到的排放标准	—
技术成本	设备投资（产能规模）	万元
	运行维护费用	元/ m^3 烟气（或元/a）
技术特性指标	脱硫效率	%
	技术先进性	—
	技术成熟度	—
	技术运行稳定性	—
	技术普适性	—
	技术合规性	—
	技术国产化水平	—

2.3.4 离散型行业技术指标体系的构建方法

离散型行业涉及产品设计，零部件制造、组装、使用、回收、处理处置等众多环节，因此需对其产业链进行分析，判断节能减排的重点环节，并设计相应地技术评价指标体系。本节以汽车行业为例说明构建方法。

1. 汽车行业产业链分析

建立汽车行业产业链（图 2-5）。根据美国阿岗实验室（Argonne National Laboratory）GREET 模型分析结果，汽车行业关注的重点节能减排环节包括汽车制造、零部件再制造和车辆使用等。

2. 汽车制造过程的"产品–工艺–技术"匹配与指标体系构建

识别汽车制造的关键工艺环节。由于汽车制造涉及汽车及其零部件的制造，因此在研究过程中应识别重点的制造过程，选择生产制造过程能耗高、污染重、节能减排潜力大的生产环节进行剖析。图 2-6 显示了汽车整车制造的工艺过程。

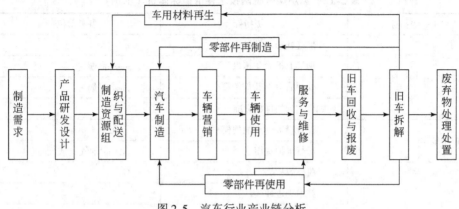

图 2-5　汽车行业产业链分析

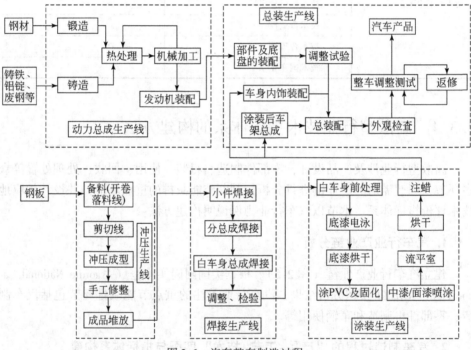

图 2-6　汽车整车制造过程

　　在汽车制造过程中，涂装工序是主要的污染环节之一。通过企业调研与文献查阅，可以建立涂装工序与节能减排技术之间的匹配关系（图 2-7）。

　　对于涂装工序不同类型的节能减排技术，应结合本书所提出的"技术评价共性指标体系"，建立适用于涂装工序的技术评价指标体系。表 2-13 为涂装工序主体生产技术评价指标体系。

涂装工序-主体生产技术-备选技术清单

工艺改进或替代
1)三喷二烘(即3C2B)工艺
2)湿碰湿喷涂工艺
3)取消PVC凝胶工序
4)无中涂的2涂层体系
5)空腔灌蜡工艺
子工序中技术(或设备)的改进或替代
1)水洗工序的逆流工艺
2)超滤技术开发利用及电泳后冲洗工艺
原材料替代
1)粉末涂料
2)水性涂料
3)高固体分涂料

涂装工序-资源能源综合利用-备选技术清单
废水回用技术
1)膜分离技术回收废水
2)脱脂槽液除油工艺
3)前处理后冲洗水循环再生工艺
能源再利用技术
固废回用技术

涂装工序-污染治理-备选技术清单

| 废水处理 | 废气处理 | 固废处理 |
1)混凝沉淀法
2)絮凝气浮法
3)超滤膜法
4)高压脉冲电凝法

图 2-7　涂装工序的工序–技术匹配关系

表 2-13　涂装工序主体生产技术评价指标体系

一级指标	二级指标
资源能源消耗指标	涂料消耗
	新鲜水耗
	电耗
污染物产生指标	废水产生量
	COD 产生量
	总磷产生量
	有机废气产生量
	废漆渣产生量
经济成本指标	设备投资
	运行成本
技术特性指标	技术先进性
	技术成熟度
	技术运行稳定性
	技术普适性
	技术合规性
	技术国产化水平

3. 汽车产品的"产品–零部件–技术"匹配与评价指标体系构建

首先识别影响汽车产品节能减排的关键部件，主要包括整车及对车辆使用过程对耗能排污产生较大影响的主要部件（零部件，如变速箱及发动机等）；其次分析比较国内外相同产品在节能减排方面的差距，识别节能减排潜力较大的产品技术领域。识别过程可以参考以下内容：①以汽车生产部件明细表为基础；②结合汽车行业专家的意见及从数据收集的可获性出发；③划分的层次应与技术及数据可得性相适应，不宜过细。

通过企业调研与文献查阅，建立了产品–零部件–技术匹配关系（图2-8）。

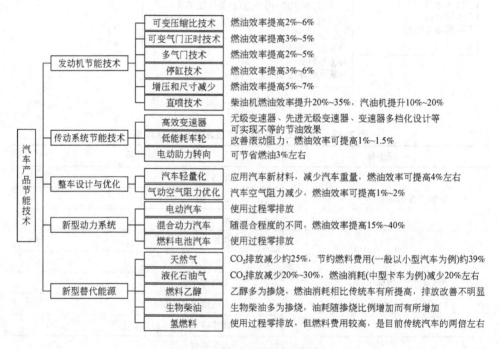

图 2-8　汽车产品节能技术匹配

注：匹配关系的绘制得到了中国汽车技术研究中心的技术支持；所列发动机节能技术为主要技术路径

据此，可参考本书所构建的"技术评价共性指标体系"，分别对不同分类的汽车产品技术构建指标体系。表 2-14 为汽车发动机节能技术先进适用性评价指标。

表 2-14　汽车发动机节能技术先进适用性评价指标

一级指标	二级指标
技术特性指标	燃油效率提高量
	其他技术性能指标
	技术先进性
	技术成熟度
	技术运行稳定性
	技术普适性
	技术合规性
	技术国产化水平
经济成本指标	投资

2.4　温室气体减排（低碳）技术评价指标体系

温室气体减排（低碳）技术的开发应用是全球应对气候变化的重要途径。重点行业温室气体减排及其相关技术方案的确定，一直是国际气候变化关注的重点和谈判要点，也是我国推进产业低碳发展的技术政策。在当前全球温室气体减排和低碳发展的大趋势下，促进行业减排关键技术的研究开发及推广应用，对于我国参与国际行业减排公约的谈判、推动经济发展方式转型、实现对外承诺的2020 年、2030 年减排目标具有重要意义。本书针对行业温室气体减排的特点和目标，说明温室气体减排技术（以下简称低碳技术）遴选评估指标体系构建方法。

2.4.1　低碳技术的范畴和分类

根据文献调研，低碳技术广义上指所有能降低人类活动碳排放的技术。按照温室气体的产生、利用角度，低碳技术可以分为三类：首先是源头控制的"无碳"技术，即大力开发以无碳排放为根本特征的清洁能源技术。二是过程控制的"减碳"技术，是指实现生产、消费、使用过程的碳，达到高效能、低排放。三是末端的去碳技术，比较典型的是二氧化碳捕获技术。本书中讨论的低碳技术是广义上所有具有减少温室气体排放效果的工艺、材料、技术或者设备等。

按照温室气体减排的途径和减排潜力可将低碳技术分为四类：①对通过开发非化石能源的源头控制技术，仍归为清洁能源技术；②对过程控制中的技术按照减碳途径进一步细分，从提升用能工艺设备及系统的一次能源效率、载能工质和废物的二次利用方面，可以将技术分为能效提高技术、废物和副产品回收再利用技术；③末端去碳技术和其他非二氧化碳的温室气体减排技术，可以统一归为温室气体削减和利用技术。

1. 能效提高技术

能效提高技术主要包括工业生产过程中能源动力系统部分的能效提高、能源转化类主体生产工艺及设备的革新，以及建筑供暖和空调动力设备、家电设备、道路交通工具动力系统等能效提高技术。此外，该技术还包括企业能源系统集成管理平台等技术。通过系统模拟和集成管理，实现换热流程优化、设备效率提升，从而提高系统能源效率。

2. 废物和副产品回收再利用技术

废物和副产品回收再利用技术主要包括：①工业生产、建筑用能过程中产生的余压、余热、余能的回收利用及能源梯级利用技术；②替代燃料和替代原料的绿色水泥、废钢利用的短流程炼钢技术等；③对可集中回收的工业生产和城市生活产生的废物（特别是有机废物）进行回收利用技术，如沼气池、生物质燃气化技术；④农林牧渔生物质废弃物能源化技术等。

3. 清洁能源技术

清洁能源技术主要包括核能及可再生能源利用技术。该技术是通过减少化石能源的使用，实现二氧化碳等温室气体减排的技术。

4. 温室气体削减和利用技术

温室气体削减和利用技术主要包括：①二氧化碳捕集、利用与封存技术；②石油开采、农业、畜牧业和生活中产生的甲烷气体控制技术；③农业生产过程中氧化亚氮控制技术；④电解铝生产和电器使用过程中氟化物的减排及销毁技术等。

2.4.2 低碳技术评价指标体系

按照 2.3.1 节的方法设计低碳技术的评价指标，该评价指标包括定量指标和定性指标两部分。

1. 定量指标

定量指标一般分为一级指标和二级指标。一级指标具有普适性、概括性，包括能源节约与综合利用指标（表2-15），温室气体排放、削减与利用指标（表2-16），技术经济成本指标（表2-17）和技术特性指标（表2-18）。二级评估指标是一级评估指标下的可量化、可统计、可比较的指标。各项指标要求有明确的统计范围和指标单位。二级指标需要根据行业特征和减排目标进一步调整和细化。

表2-15　能源节约与综合利用指标

一级指标	二级指标	指标说明	参考单位	指标类别	备注
能源利用指标	单位产品综合能耗	在一定时期内（一般以年度计算）每生产单位产品实际消耗的各种能源总量。各种介质能源按照实际发热值折算为标准煤，或注明采用的折算系数	kgce/单位产品（参考单位需根据行业自行调整，如吨钢综合能耗，或单位建筑面积能耗等）	必选	
	单位产品能源实际消耗（电、煤、油、气等）	技术依托的设备或工艺在一定时期内（一般以年度计算）每生产单位产品实际消耗的特定介质能源量。并需提供该介质发热值或采用的折标准煤系数	kW·h/单位产品或kg/单位产品等	可选	
	系统能源利用效率提高比例	采用该技术后直接或间接提高的系统能源的利用效率	%	可选	
	能源消耗中清洁能源比例	指的是技术直接使用的太阳能、沼气、风电等可再生能源占能源消耗总量比例	%	可选	

续表

一级指标	二级指标	指标说明	参考单位	指标类别	备注
能源回收与节约指标	副产能源（蒸汽、点、煤气、沼气等）量	从余热、余压、余能或废弃物中生产能源物质	kg/a 或 kg/单位产品，kW·h/a 或 kW·h/单位产品，Nm³/a 或 Nm³/单位产品同时标明热值或换算为标准煤	必选	根据技术所节约的或回收利用的能源或资源选择相应指标
	替代产品节能量	用废弃物替代其他一次资源生产同类产品能源消耗节约量	kgce/单位产品	必选	

表 2-16 温室气体排放、削减与利用指标

一级指标	二级指标	指标说明	参考单位	类别	备注
温室气体排放指标	温室气体排放量	技术在一定时期内生产单位产品所排放的各种温室气体总量	$kgCO_2$ 当量/单位产品	必选	根据温室气体排放种类选择，所有排放的温室气体折算成二氧化碳当量值
	二氧化碳（CO_2）排放量	技术在一定时期内生产单位产品所排放的二氧化碳总量	kg/单位产品	可选	
	甲烷（CH_4）排放量	技术在一定时期内生产单位产品所排放的甲烷总量	kg/单位产品	可选	
	氧化亚氮（N_2O）排放量	技术在一定时期内生产单位产品所排放的氧化亚氮总量	kg/单位产品	可选	
	氟化物（氢氟烃 HFC，全氟化碳 PFC 和六氟化硫 SF_6）排放量	技术在一定时期内生产单位产品所排放的氟化物总量	kg/单位产品	可选	

续表

一级指标	二级指标	指标说明	参考单位	类别	备注
温室气体削减指标	温室气体削减量	通过捕集和封存所实现温室气体削减排放绝对量的减少，不包括作为产品生产投入使用的温室气体	kgCO$_2$ 当量/单位产品	必选	
温室气体利用指标	温室气体利用量	利用将温室气体作为原辅料生产的单位产品消耗的温室气体量	kgCO$_2$ 当量/单位产品	必选	

表 2-17　经济成本指标

一级指标	二级指标	指标说明	单位	类别	备注
投资	设备投资	该技术开展工程建设或应用所必需的主要设备及其他附属设备一次投入的投资金额	万元	必选	需注明投资建设的规模（设计产能）和设备寿命
	基建费用	技术应用工程项目建设中主体工程和附属工程等基础设施建设费用	万元	可选	
运行维护成本	运行费用	主要指系统正常运行生产时每吨产品耗费原材料、水、电等费用	元/t 产品	必选	可根据原辅料、能源消耗量及其市场价格核算
	管理维护费用	主要指系统正常运行生产时单位产品耗费的人工费（工资）、设备折旧费、修理费、管理费等	元/t 产品	可选	
环境成本	温室气体减排成本	指减少单位温室气体排放投入的资金量	kgCO$_2$当量/万元	必选	
经济效益	投资回收期	指累计的经济效益等于最初的投资费用所需的时间	年	必选	

表 2-18 技术特性指标（定量）

一级指标	二级指标	指标说明	参考单位	类别	备注
特性指标	根据技术特点自行设定	与温室气体减排效果有关的技术参数，如污泥厌氧消化的有机物转化率等	根据具体指标设定	可选	

（1）能源节约与综合利用指标

能源节约与综合利用指标主要是针对能效提高类及废物和副产品回收再利用技术而言。对于以产品划分子行业的技术，各指标按单位最终主导产品计算；对于按工序划分子行业的技术，各指标按工序产品计算。在能源消耗指标方面，如有条件应进一步说明各类能源燃料的热值，以便于进行生产工艺流程的能平衡和能源效率计算（表 2-15）。

（2）温室气体排放、削减与利用指标

温室气体排放指标中温室气体排放量需将所有温室气体折算成二氧化碳当量。具体行业应根据实际排放情况，选择不同温室气体排放指标。温室气体削减量需明确对比的基准，温室气体排放、削减与利用指标为所有技术必选。温室气体利用指标主要是针对第四类温室气体削减和利用技术而言。

（3）技术经济成本指标

经济成本指标除了设备投资、运行维护费用等常规指标外，温室气体减排的环境成本也考虑在内。

（4）技术特性指标

技术特性指标指可表征某类技术中影响温室气体排放的其他量化指标。

2. 定性指标

定性指标主要从先进性、成熟度、普适性、技术风险程度、成果转化难易程度、市场推广前景、知识产权转让等方面重点考察技术在成果转化和推广应用过程中地位和作用。技术定性指标需要通过行业内的技术专家来进行判断，指标项目也可根据技术特点适当予以增减（表 2-19）。

对于具体的行业而言，需按照指标体系框架设计本行业的低碳技术指标体系，并按照指标体系收集相关技术数据。

表 2-19　技术特性指标（定性）

指标种类	一级指标	指标说明	指标分级（从高到低 5 分制）
定性指标	技术先进性	描述技术在国际和国内同类技术中所处的地位和水平，是否是开创性的技术	①国际领先；②国际先进；③国内领先；④国内先进；⑤国内中上水平
	技术成熟度	重点关注处于孕育后期和成长前期（I 期）的技术，描述技术开展中试、示范工程建设及运行情况，是否具备进一步开展示范及推广的基本条件等	①已有 2~3 项示范工程，运行情况良好；②已有 1 项示范工程，运行情况还需观察；③已开展中试，情况良好，准备建设示范工程；④已开展中试，运行情况尚稳定，达到预期效果；⑤已开展中试，但运行尚不稳定
	技术普适性	技术应用是否有特定条件限制，如适用范围、运行条件、规模大小、上下游匹配关系、使用环境、地理条件等，对成果转化推广的影响大小	①好；②较好；③一般；④较差；⑤差
	技术风险程度	描述该技术在成果转化和产业化过程中面临的不确定性等风险	①很小；②小；③一般；④较高；⑤很高
	成果转化难易程度	描述该技术在产业化中存在的障碍及实现产业化资金筹集、设备制造、相关人才培养等的难易程度	①易；②较易；③一般；④难；⑤很难
	市场推广前景	技术成果转化和推广过程中市场需求、对技术的接纳难易程度、推广面临的障碍高低等	①非常乐观；②乐观；③一般；④不明朗；⑤很不乐观
	知识产权转让	是否具有国内自主知识产权，是否取得的专利等，技术拥有方性质（企业、高校、个人等）；引进技术关键环节、工艺、设备的国产化程度；技术拥有方的转让意愿、技术产权转让机制、政策途径是否顺畅等	①具有自主知识产权，不存在技术转让障碍；②具有自主知识产权或核心技术设备国产化水平高，在较大程度上容易实现成果转化；③存在一定的障碍，通过努力可顺利实现知识产权转让；④在多个方面存在技术转让障碍，但仍有可能实现；⑤技术拥有方转让意愿低，近 10 年内不可能实现

第3章 多属性综合评价方法及应用

3.1 方 法 概 述

行业节能减排技术具有定量化、多属性的特点。由于各属性间没有统一的衡量标准或计量单位，故难以直接比较。加之属性间往往存在矛盾性，如果采用一种方案改进某一属性值时，很可能会使该属性值变差。因此，在节能减排技术评价工作中可考虑利用多属性综合评价方法进行技术评价。

对于节能减排技术评价方法，即使评价对象间的差异极小，在使用多属性综合评价方法评价时，依然可能出现不同的评价结果。因此，评价方法的选用对于获得技术评价结果的稳定排序极为重要。而且，应用不同的评价方法，评价结果所表达出来的信息量也是不同的。常见的多属性综合评价方法及其优缺点见表3-1。

进行节能减排技术评价要结合节能减排技术的实施、运行特点，建立合理全面的技术评价指标体系。由本书所构建的指标体系框架可知，节能减排技术评价指标需要综合考虑定量与定性指标，而定性指标往往包含有模糊、不确定的信息。因此需要运用数学方法将具有不确定性的定性指标定量化，建立数学评价模型，进行技术综合评价，得出最终的评价结果。

通过分析各类多属性综合评价方法的特点与应用范围，模糊数学综合评价方法可以满足以上要求（Xu et al.，2011）。该方法以模糊集合论为理论基础，用隶属度将表征事物模糊性的定性指标进行定量化处理，从而研究和解决模糊现象中的客观规律及客观世界中一些模糊不清的问题。该方法不仅能很好地体现各对比方案、对象的优劣，而且能有效解决技术评价信息的模糊性问题与信息遗漏问题。因此，该方法也被广泛地应用于对带有不确定性的事物进行评价分析上。

表3-1 多属性综合评价方法的优缺点

大类	子类	评价方法中可变化参数及相关描述	优缺点	应用情况
定性评价方法	专家评议法	专家组的选择、民众抽取方法都会影响评价结果。包含大量观察法的统计思想，与主体上"社会评价"的哲学思想	实施容易，可信度较高，但主观性较大	各种不同目的和形式的先进技术"评选"工作
	民意调查法			
效用函数综合评价方法	线性评价法	基本模型是"单项指标无量纲化结果的加权平均"。无量纲化方法、权数方法、加权平均方式均是影响评价结论的重要因素。综合指数法、功效系数法、标准化法、距离法、计分曲线法、对数型函数指数型功效系数法等数系法是其特例，是其他定量评价模型的思想依据	思想简洁，含义最为准确。模型参数（标准值）确定难度大	在所有定量的或者可量化多指标综合评价中广泛应用
	非线性评价法			
多元统计评价方法	数据降维技术法	主成分分析、因子分析、多维标度法、数量化技术Ⅲ、投影跟踪技术等多元降维技术方法可用于降维分析、聚类分析、判别分析。这些统计方法内容丰富，内容丰富也意味着相应评价方法的可变性及参数的多样性	方法的数学依据充分，借助统计软件时相对容易，结论"客观"却又机械，不合适的样本导致似是而非的评价结论	适用于足够多个评价客体评价。但必须多指标定量综合评价的合理性，须注意样本向与指标方向与特异点等问题
	分类计数法			
模糊综合评价方法	模糊排序评价法	通过构造评价对象值水平高低的"标尺"评价等级论域，构造并确定各指标对各等级的"模糊隶属函数"，或隶属度，计算模糊合成，计算模糊合成，或者向量进行分类或者再度量化获得有关点值进行排序，或者利用模糊关系矩阵进行计算"模糊相似"或者"模糊贴近"指标进行分类识别、隶属度确定，模糊合成算子、相似相近指标计算等均有较多可选择方法	数学形式复杂，方法有数学依据。主观性较强，直接套用模糊数学中的某些方法，会产生不合理结果	定性指标或定量指标体系构成的指标体系均可采用此类方法，不要求有一定的样本量
	模糊分类评价法			

续表

大类	子类	评价方法中可变化参数及相关描述	优缺点	应用情况
灰色系统综合评价方法	基于灰色白化权函数的评价法	通过划分"灰类",确定白化权函数,计算定权再合成,据此进行排序或分类,或者设计"参考序列",计算关联度序列及相应关联系数并据此排序及分类。与模糊评价法相比,该方法选择性小	形式上看有一定的科学依据。但白化函数太简单,标定权理论依据不足,关联函数退化为相对评价	定性指标或者定量指标构成的指标体系均可采用这一类评价。关联函数需要多个样本单元
	基于灰色关联系数的评价法			
决策运筹方法	DEA法	把运筹决策中方案排序等思想应用于各类评价中	DEA法只适用于有投入产出之分的指标体系,计算量大,反映相对水平。但进行两两比较的难度大	DEA法适用于投入产出效率评价,其一般用于定性指标体系,但也可用于定量指标体系评价
	AHP法		AHP法结论可靠,	
	其他决策排序法			
智能化评价方法	神经网络法	神经网络法是借助人工智能方法的研究成果进行综合评价的分类神经网络模型,在给定初始算法及训练样本的前提下,选择特定算法进行反复多次迭代逼近,导出相应模型权系数,并且应用于待评价个体的综合评价的排序。遗传算法则是按遗传规则模拟所作的排序	数学过程复杂,评价拟合精度高。但训练样本的产生是关键。错误的训练样本不会有科学的评价模型。训练样本变化会影响评价结果	可应用于有训练样本的情形。将其作为专家评价系统的拟合算法更加科学
	遗传算法			
组合与集成评价方法	评价集成法	通过将不同个体、不同方法的中间评价结果或者最终评价结果进行综合,以产生更加有代表性的评价结论;或者通过对有关评价技术进行扩展,产生相应的评价模型	效率高,准确性与可靠性好。集成模型与扩展规则的选择难度较大	适用于复杂性问题的综合评价系统
	评价扩展法	建模等对有关技术进行扩展,区间数建模、动态建模,产生相应的更加符合实际的评价模型		

3.2 多属性综合评价方法

综上所述，本书基于模糊数学综合评价（Fuzzy）方法建立行业先进适用节能减排技术评价模型；权重的确定采用德尔菲法与层次分析法（AHP）相结合的方法，体现了定量分析与定性分析相结合的特点。

首先，建立技术评价指标体系，将其作为技术评价遴选的标准；其次，构建评估因素集和隶属度函数，并计算评估因素隶属度；再次，利用层次分析法结合专家打分确定指标权重；最后，进行模糊综合评价，得到最终评价遴选结果。该方法加强了技术评价中的定量分析手段，避免了主观定性判断造成的不确定性，能够直观体现各技术在节能减排先进适用方面的优劣。具体的技术评价步骤见图3-1。

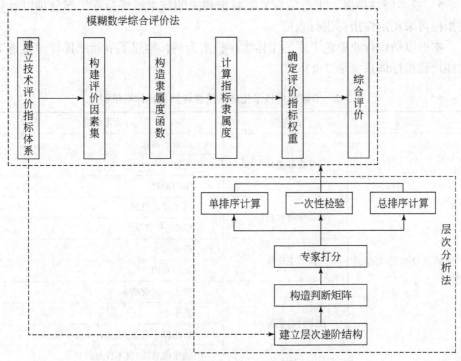

图 3-1 节能减排技术 AHP-Fuzzy 综合评价方法

3.2.1 建立技术评价指标体系与因素集

结合本书所提出的节能减排技术评价指标体系和多属性综合评价方法的要

求，将节能减排技术先进适用性评价指标体系分为 3 个层次：目标层、准则层、评价指标层。目标层为节能减排技术的先进适用性。准则层包括：节能减排技术的资源能源消耗指标、资源能源节约与综合利用指标、污染物排放指标、经济成本指标及技术特性指标 5 部分。

1）资源能源消耗指标：表征技术或设备生产单位产品的资源和能源的消耗水平。

2）资源能源节约与综合利用指标：主要用于表征资源能源综合利用技术的效果。

3）污染物排放指标：技术（设备）应用过程的废弃物的产出。

4）经济成本指标：投资（总投资等）、运营成本（运行费等）及经济收益等。

5）技术特性指标：主要是与节能减排相关的技术经济指标，部分难以量化的指标可采用定性指标进行表征。

本书以纺织行业染色工序的主体生产技术为例，构建了节能减排技术先进适用性评价指标体系（表 3-2）。

表 3-2 节能减排技术先进适用性评估指标体系示例

目标层	准则层	评价指标层
节能减排技术的先进适用性	资源能源消耗指标	新鲜水消耗
		电耗
		染料消耗
	污染物排放指标	废水排放总量
		COD_{Cr} 排放量
	经济成本指标	投资成本
		运行费用
	技术特性指标	染色一次成功率
		色牢率
		技术操作难度/技术自动化程度
		技术成熟度/技术普及程度
		技术适用性/技术推广应用前景
		技术国产化水平

在构建节能减排技术评估指标的基础上，建立评价因素集。根据构建的指标体系递阶结构，构建目标层和准则层的指标集：$U = \{U_1, U_2, \cdots, U_k\}$，其中 k 表示有 k 个下一层级指标。以表 3-2 中的评价指标体系为例，若 U 代表节能减排

技术的先进适用性总目标，则 U_1、U_2、U_3、U_4 分别代表资源能源消耗、污染物排放、经济成本及技术特性 4 个准则层指标。

3.2.2 构造隶属度函数并计算指标隶属度

考虑到节能减排技术先进适用性评价时所用的指标体系中不仅有定量指标，还有定性指标，且指标值评价标准不同，因此无法直接将某一技术所有指标的参数综合成一个具有实际意义的评价值。故采用隶属函数计算指标的隶属度，将定量和定性指标统一量化。

1. 定量评价指标隶属度的确定

当定量的节能减排技术评价指标越大越好时（如脱硫效率），采用升半梯形分布的隶属函数：

$$\mu \begin{cases} 1, & x \geq a_2 \\ \dfrac{x - a_1}{a_2 - a_1}, & a_1 \leq x \leq a_2 \\ 0, & 0 \leq x \leq a_1 \end{cases} \tag{3-1}$$

式中，a_1、a_2 分别为定量评价指标的上界、下界。

当定量指标越小越好时（如投资成本等），采用降半梯形分布的隶属函数：

$$\mu \begin{cases} 1, & 0 \leq x \leq a_1 \\ \dfrac{a_2 - x}{a_2 - a_1}, & a_1 \leq x \leq a_2 \\ 0, & x \geq a_2 \end{cases} \tag{3-2}$$

式中，a_1、a_2 分别为定量评价指标的上界、下界。

2. 定性评价指标隶属度的确定

采用专家打分法。首先，确定评语集 $\mathbf{V}$ 及标准隶属度集 $\mathbf{X}$。

隶属函数表达式为

$$\mu(x) = \frac{x}{5}, \ 0 \leq x \leq 5 \tag{3-3}$$

若以 5 个等级划分，则评语集 $\mathbf{V}$ 及标准隶属度集 $\mathbf{X}$ 见表 3-3。

表 3-3 评语集 V 及标准隶属度集 X 等级

V	差	较差	一般	较好	好
X	0 ~ 1	1 ~ 2	2 ~ 3	3 ~ 4	4 ~ 5

请专家根据表 3-3 中的评语集对定性评价指标进行打分，取平均值为 x。再根据隶属函数计算该定性指标的隶属度。

3.2.3 AHP 法确定节能减排技术评价指标权重并建立权重集

在节能减排技术评价指标体系建立基础上，各指标权重的确定是影响评价结果可靠性的关键因素。权重的确定无法直接应用定量方法，需要结合专家的定性分析。不同研究背景的专家，由于所从事的专业、所处环境、所积累经验各不相同，因此会给出不同的指标权重。若只采用个别人的观点，则会存在较大的片面性，且缺乏说服力。因此，权重的确定采用将定性分析和定量方法相结合的层次分析法，即聘请一批专家对节能减排技术评价指标的权重进行打分，然后将专家意见统计集中，利用层次分析法确定权重。

1. 构造判断矩阵

给节能减排技术先进适用性评价指标体系目标层、准则层的每一个指标集都构造判断矩阵（表3-4），请专家针对某一层次指标进行相对重要性打分排序。

表 3-4 技术评价指标体系因素子集判断矩阵

U	U_1	U_2	...	U_k
U_1	1	a_{12}	...	a_{1k}
U_2	$1/a_{12}$	1	...	a_{2k}
⋮	⋮	⋮	⋮	⋮
U_k	$1/a_{1k}$	$1/a_{2k}$	...	1

其中，a_{jk} 为准则层 U 下属第 j 指标与第 k 指标的相对重要性标度，其含义如下：标度为 1 时，表示二者同等重要；标度为 3 时，表示前者比后者稍微重要；标度为 5 时，表示前者比后者明显重要；标度为 7 时，表示前者比后者强烈重要；标度为 9 时，表示前者比后者极端重要；标度为 2、4、6、8 时，分别为上述两个相邻判断的中间情况；标度为倒数时，表示后者比前者重要，其互为倒数。

以准则层为例，a_{12} 为资源能源消耗指标 u_1 与污染物排放指标 u_2 相比的相对重要性。

2. 计算权重

由专家打分结果构造出第 i 个评价指标集 $\mathbf{U}_i$ 的判断矩阵 $\boldsymbol{A}$，于是权重计算公式为

$$W_{ij} = \sqrt[m_i]{\prod_{k=1}^{m_i} a_{jk}} \Big/ \sum_{j=1}^{m_i} \sqrt[m_i]{\prod_{k=1}^{m_i} a_{jk}} \tag{3-4}$$

式中，W_{ij} 为第 i 个评价指标集下的第 j 个指标的权重。由此，构造出第 i 个指标集的权重矩阵 $\boldsymbol{W}_i = (W_{i1}, W_{i2}, \cdots, W_{im_i})$。

3. 一致性检验

若随机一致性比率 CR<0.10，则认为符合满意的一致性要求；否则，需要调整判断矩阵，直到满意为止。

1）计算 B_i 判断矩阵的最大特征根：

$$\lambda_{\max} = \sum_{j=1}^{m_i} \frac{(AW)_j}{m_i W_j} \tag{3-5}$$

2）计算 B_i 判断矩阵偏离一致性指标：

$$\mathrm{CI} = \frac{\lambda_{\max} - m_i}{m_i - 1} \tag{3-6}$$

3）由已知的矩阵的阶数 m_i，确定平均随机一致性指标 RI。1~9 阶矩阵的阶数与 RI 的关系见表3-5。

表3-5　平均随机一致性指标 RI 值

矩阵的阶数	1	2	3	4	5	6	7	8	9
RI	0.00	0.00	0.58	0.90	1.12	1.24	1.32	1.41	1.45

4）计算随机一致性比率：

$$\mathrm{CR} = \mathrm{CI/RI} \tag{3-7}$$

评价指标层的权重与其他指标层的权重确定可以此类推。

4. 评价指标层指标总排序权重计算

准则层 B_i 下的第 j 个指标的总排序权重 $W(b_i, j)$ 可由下式计算：

$$W(b_i, j) = W(b_i) \cdot W_{ij} \tag{3-8}$$

式中，$W(b_i)$ 为准则层 B_i 的相对权重；W_{ij} 为准则层 B_i 中第 j 指标的相对权重。

5. 确定指标权重集

利用以上方法分别计算各位专家为不同评价指标层指标打分得到的总排序权

重, 再取平均值为该指标的最后总排序权重, 并建立权重集 **W**。

3.2.4　模糊数学综合评价

1. 准则层指标评价

根据隶属度的计算结果, 可得 k 个准则层指标集的评价指标隶属度矩阵 $\boldsymbol{R}_k = \{\mu_{ki}\}$。那么, 可得到对准则层 B_k 的综合评价值 B_k:

$$B_k = W_k \cdot \boldsymbol{R}_k = (b_{k1}, b_{k2}, \cdots, b_{kn}) \tag{3-9}$$

2. 目标层指标评价

将目标层上的 k 个因素子准则层指标集 B_k 看作是目标层上的 k 个单因素。根据计算得到的各准则层指标综合评价值, 列出总的评价矩阵 $\boldsymbol{R}$:

$$\boldsymbol{R} = \begin{bmatrix} B_{11} & B_{12} & \cdots & B_{1n} \\ B_{21} & B_{22} & \cdots & B_{2n} \\ \vdots & \vdots & \vdots & \vdots \\ B_{k1} & B_{k2} & \cdots & B_{kn} \end{bmatrix} \tag{3-10}$$

式中, k 表示有 k 个准则层指标, n 表示有 n 项待评价技术。

那么目标层的综合评价矩阵 $\boldsymbol{A}$ 为

$$\boldsymbol{A} = \mathbf{W} \cdot \boldsymbol{R} = (w_{b_1}, w_{b_2}, \cdots, w_{b_k}) \cdot \begin{bmatrix} B_{11} & B_{12} & \cdots & B_{1n} \\ B_{21} & B_{22} & \cdots & B_{2n} \\ \vdots & \vdots & \vdots & \vdots \\ B_{k1} & B_{k2} & \cdots & B_{kn} \end{bmatrix} = (a_1, a_2, \cdots, a_n)$$

$$\tag{3-11}$$

节能减排技术先进适用性综合评价结果矩阵 **A** 体现了节能减排技术评价指标体系中所有定量、定性指标的贡献, 是对各节能减排技术先进适用性的综合评价。**A** 值越大, 表示技术的节能减排先进适用性越好。据此可对各项节能减排技术进行先进适用性的排序和比较。

3.2.5　定量化分析的软件工具

使用层次分析法确定权重的计算过程比较烦琐, 目前已开发的层次分析法的单机版软件 Y (et) A (nother) ahp Version 0.5.2 (网络共享版, Copyrightc2010 Zhang Jianhua) 可以使用。该软件使用 .AHP 为扩展名的文件保存文档, 对应的文件操作如下：①新建文件。创建一个新的 AHP 文件。②打开。打开已存在的 AHP 文件。③保存。保存当前文件。④另存为。将当前文件另存为一个文件。⑤设置密码。为当前文件设置文件打开的密码。文档设置密码后，再次打开时将提示输入密码，密码正确才能够打开。⑥导出判断矩阵。计算完成后，可以将包括最终结果及所有判断矩阵的数据导出到文本文件或 Excel 文件。⑦保存模型为 JPEG。将当前的层次模型保存为一个 JPEG 文件。⑧打印层次模型。打印输出当前的层次模型。⑨ 最近使用的文件。方便打开最近使用过的文件。⑩退出。退出 YAahp。

该软件计算权重的基本过程包括以下几个方面。

1. 建立指标层次模型

主程序启动后或新建一个文档，显示节能减排技术评价指标体系层次结构模型绘制页。其中最上面"发电技术的先进适用性"为目标层指标，下面两层分别是准则层和评价指标层，最下面的"超超临界""IGCC"等为待评价的具体技术（图3-2）。

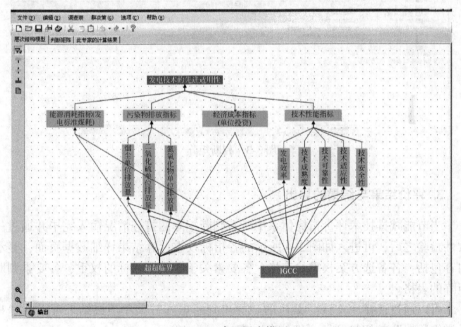

图 3-2　建立层次模型

2. 判断矩阵

指标体系层次模型建立后，可以切换到判断矩阵输入页面（图 3-3）。判断矩阵的标度方法可以选择 e^（0/5）～ e^（8/5）标度或 1～9 标度，通过在窗口左上角的下拉框中选择。窗口左下角为指标体系中所有判断矩阵列表，窗口右下角为当前判断矩阵视图，在此可输入各判断矩阵专家打分的汇总结果。

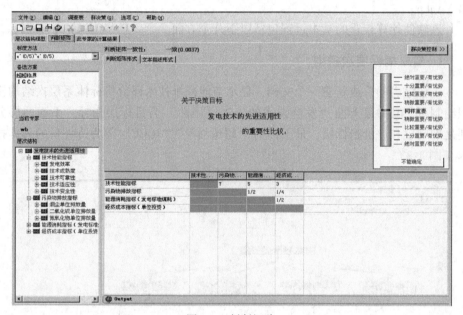

图 3-3　判断矩阵

3. 评价结果与结果的导出

当节能减排技术评价指标体系中所有判断矩阵的打分情况输入完毕并通过一致性检验之后，可进入如图 3-4 所示的各指标权重计算结果详细数据页面，显示内容包括：各备选方案权重的表格、各要素关于总决策目标的权重、各要素判断矩阵的表格。

可以通过选择“文件”菜单的“导出判断矩阵”菜单项或结果页面的“显示详细数据”按钮打开“详细信息”窗口。

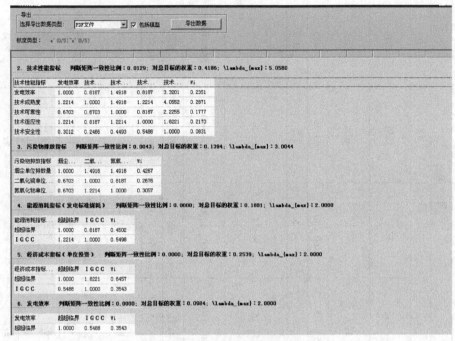

图3-4 权重计算结果

3.3 评价方法应用实例

以火电厂烟气脱硫、铜冶炼工序、造纸业废纸制浆脱墨等节能减排先进适用技术评估为例,说明整套方法的工作流程(Xu et al.,2011;赵杳加等,2012)。

3.3.1 火电厂烟气脱硫技术节能减排先进适用性评价

1. 构建火电厂烟气脱硫技术评估指标体系及因素集

根据火电厂烟气脱硫技术特点及本书研究成果,构建的技术评估指标体系见表3-6。根据表3-6中的评估指标体系确定的因素集如下。

1)$U = \{U_1, U_2, U_3\}$ = {环境特性指标,经济性能指标,技术性能指标}。

2)U_1 = {与排放标准的接近程度,脱硫产物对环境的影响,钙/硫比,脱硫效率}。

表 3-6 烟气脱硫技术节能减排先进适用性评估指标值

| 评估指标体系 | | | | 技术类别 | | | |
目标层	准则层	指标层	子指标层	A	B	C	D
烟气脱硫技术的适用性	环境特性指标	与排放标准接近程度		较接近	接近	接近	达到
		脱硫产物对环境影响		较大	较大	较大	较小
		脱硫效率/%		50~75	60~80	60~75	≥85
		Ca（氨）/S 比		2	>1.5	1.5	<1.3
	经济性能指标	设备及其运行的经济性	脱硫系统（FGD）占电厂总投资的比例/%	5~15	8~14	5~6	5~8
			单位脱硫成本/(元/t SO_2)	650~1100	700~1200	750~900	650~800
			运行费用	较低	一般	较低	较低
			占地面积/(m^2/kW)	0.009~0.011	0.01~0.02	0.009~0.01	0.01~0.018
			电耗占总发电量比例/%	0.8~1.2	1.1~1.4	1.3~1.6	0.9~1.2
		脱硫剂的经济性	脱硫副产品处理利用	渣场堆放，不能利用	渣场堆放，不能利用	渣场堆放，利用	可做筑路材料
			吸收剂可获得性	容易	较易	一般	一般
			吸收剂易处理性	容易	一般	一般	容易
			吸收剂利用率	较低	较低	较低	较高

续表

目标层	准则层	指标层	子指标层	技术类别			
				A	B	C	D
烟气脱硫技术的适用性		对机组的影响	对锅炉和烟气处理系统影响	较大	中等	较大	中等
			对机组安全性的影响	较大	较小	较小	较小
	技术性能指标		适用煤种	中、低硫	中、低硫	低硫	不限
		技术特性	工艺流程的复杂程度	较简单	较简单	简单	简单
			技术成熟程度	国外工业应用，国内示范	国外工业应用，国内示范	国外工业应用，国内示范	商业化
			系统升级性能	较好	中等	好	中等
			FGD自身的安全性	较差	一般	较好	较好

3）$U_2 = \{U_{21}, U_{22}\} = \{$设备及其运行的经济性，脱硫剂的经济性$\}$。

4）$U_{21} = \{$FGD 占总投资的比例，二氧化硫单位脱硫成本，运行费用，设备占地面积，电耗占总发电量的比例$\}$。

5）$U_{22} = \{$脱硫副产品的处置和利用，吸收剂的可获得性，吸收剂的易处理性，吸收剂的利用率$\}$。

6）$U_3 = \{U_{31}, U_{32}\} = \{$对机组的影响，技术特性$\}$。

7）$U_{31} = \{$对锅炉和烟气处理系统的影响，对机组安全性的影响$\}$。

8）$U_{32} = \{$适用煤种，工艺流程的复杂程度，技术的成熟度，系统升级性能，FGD 系统自身安全性$\}$。

2. 建立隶属函数并确定隶属度

（1）脱硫效率

根据一般脱硫要求，确定约束条件为 $40\% \leqslant x \leqslant 100\%$，选择的隶属函数如下：

$$\mu_{A11}(x) = \begin{cases} 0, & x \leqslant 40 \\ \dfrac{x-40}{100-40}, & 40 < x < 100 \\ 1, & x = 100 \end{cases} \qquad (3\text{-}12)$$

（2）钙（氨）/硫比

钙（氨）/硫比为 1 最好，当钙（氨）/硫比大于 3 时，认为是不可取的，其隶属函数如下：

$$\mu_{A12}(x) = \begin{cases} 0, & x > 3 \\ \dfrac{3-x}{3-1}, & 1 \leqslant x \leqslant 3 \\ 1, & x < 1 \end{cases} \qquad (3\text{-}13)$$

（3）与排放标准接近程度

与排放标准接近程度按接近、较接近、达到 3 个不同程度，分别定为 0~3 个等级，见表 3-7。

表 3-7 与排放标准接近程度

接近程度	较接近	接近	达到
级别	0~1	1~2	2~3

隶属函数表达式为

$$\mu_{A13}(x) = \frac{x}{3}, \ 0 \leqslant x \leqslant 3 \tag{3-14}$$

（4）脱硫产物对环境的影响

将脱硫产物对环境的影响程度分大、较大、较小、小、无 5 个等级，见表 3-8。

表 3-8　脱硫产物对环境的影响

影响程度	大	较大	较小	小	无
级别	0 ~ 1	1 ~ 2	2 ~ 3	3 ~ 4	4 ~ 5

隶属函数表达式为

$$\mu_{A14}(x) = \frac{x}{5}, \ 0 \leqslant x \leqslant 5 \tag{3-15}$$

（5）FGD 占电厂总投资的比例

根据表 3-6 可知，FGD 系统投资占电厂总投资的比例在 5% ~ 15%，可选择降半梯形隶属函数表达，即

$$\mu_{A211}(x) = \begin{cases} 0, & x > 15 \\ \dfrac{15 - x}{15 - 5}, & 5 \leqslant x \leqslant 15 \\ 1, & x < 5 \end{cases} \tag{3-16}$$

（6）单位脱硫成本

单位脱硫成本小于 500 元/t SO$_2$ 为低成本，大于 2000 元/t SO$_2$ 为高成本，隶属度可以用降半梯形分布来描述，即

$$\mu_{A212}(x) = \begin{cases} 0, & x > 2000 \\ \dfrac{2000 - x}{2000 - 500}, & 500 \leqslant x \leqslant 2000 \\ 1, & x < 500 \end{cases} \tag{3-17}$$

（7）占地面积

将四种脱硫工艺的占地面积单位统一为 m²/kW，其范围确定为 0.009 ≤ x ≤ 0.03，选择降半梯形隶属函数表达，即

$$\mu_{A213}(x) = \begin{cases} 0, & x > 0.03 \\ \dfrac{0.03 - x}{0.03 - 0.009}, & 0.009 \leqslant x \leqslant 0.03 \\ 1, & x < 0.009 \end{cases} \quad (3\text{-}18)$$

（8）电耗占总发电量的比例

由表3-6可以看出，电耗占电厂总发电量的比例在0.8%～1.6%，可选择降半梯形隶属函数表达，即

$$\mu_{A214}(x) = \begin{cases} 0, & x > 1.6 \\ \dfrac{1.6 - x}{1.6 - 0.8}, & 0.009 \leqslant x \leqslant 0.03 \\ 1, & x < 0.8 \end{cases} \quad (3\text{-}19)$$

（9）运行费用

将运行费用分为高、较高、一般、较低、低5个等级，见表3-9。

表3-9　运行费用

运行费用	高	较高	一般	较低	低
级别	0～1	1～2	2～3	3～4	4～5

隶属函数表达式为

$$\mu_{A215}(x) = \frac{x}{5}, \ 0 \leqslant x \leqslant 5 \quad (3\text{-}20)$$

（10）脱硫副产品的处理和利用

将脱硫副产品的处理和利用分为不能利用、可综合利用、经进一步处理可做成品卖出、可做商品卖出4个等级，见表3-10。

表3-10　脱硫副产品的处理和利用

能否利用	不能利用	可综合利用	经过进一步处理可做成品卖出	可做商品卖出
级别	0～1	1～2	2～3	3～4

隶属函数表达式为

$$\mu_{A221}(x) = \frac{x}{4}, \ 0 \leqslant x \leqslant 4 \quad (3\text{-}21)$$

（11）吸收剂可获得性

将吸收剂可获得性分为难、较难、一般、较易、容易 5 个级别，见表 3-11。

表 3-11 吸收剂可获得性

吸收剂可获得性	难	较难	一般	较易	容易
级别	0 ~ 1	1 ~ 2	2 ~ 3	3 ~ 4	4 ~ 5

隶属函数表达式为

$$\mu_{A222}(x) = \frac{x}{5}, \ 0 \leqslant x \leqslant 5 \tag{3-22}$$

（12）吸收剂易处理性

将吸收剂易处理性分为难、较难、一般、较易、容易 5 个级别，见表 3-12。

表 3-12 吸收剂的易处理性

吸收剂易处理性	难	较难	一般	较易	容易
级别	0 ~ 1	1 ~ 2	2 ~ 3	3 ~ 4	4 ~ 5

隶属函数表达式为

$$\mu_{A223}(x) = \frac{x}{5}, \ 0 \leqslant x \leqslant 5 \tag{3-23}$$

（13）吸收剂利用率

将吸收剂利用率分为低、较低、一般、较高、高 5 个级别，见表 3-13。

表 3-13 吸收剂的利用率

吸收剂利用率	低	较低	一般	高	较高
级别	0 ~ 1	1 ~ 2	2 ~ 3	3 ~ 4	4 ~ 5

隶属函数表达式为

$$\mu_{A224}(x) = \frac{x}{5}, \ 0 \leqslant x \leqslant 5 \tag{3-24}$$

（14）对锅炉和烟气处理系统的影响

将对锅炉和烟气处理系统的影响程度分为大、较大、中等、较小、小 5 个级别，见表 3-14。

表 3-14　对锅炉和烟气处理系统的影响

对锅炉和烟气处理系统的影响	大	较大	中等	较小	小
级别	0~1	1~2	2~3	3~4	4~5

隶属函数表达式为

$$\mu_{A311}(x) = \frac{x}{5},\ 0 \leqslant x \leqslant 5 \tag{3-25}$$

（15）对机组安全性的影响

将对机组安全性的影响程度分为大、较大、较小、小 4 个级别，见表 3-15。

表 3-15　对机组安全性的影响

对机组安全性的影响	大	较大	较小	小
级别	0~1	1~2	2~3	3~4

隶属函数表达式为

$$\mu_{A312}(x) = \frac{x}{4},\ 0 \leqslant x \leqslant 4 \tag{3-26}$$

（16）适应煤种

将技术本身使用的适应煤种分为低硫煤、中低硫煤、不限煤种 3 个级别，见表 3-16。

表 3-16　适应煤种

适应煤种	低硫煤	中低硫煤	不限煤种
级别	0~1	1~2	2~3

隶属函数表达式为

$$\mu_{A321}(x) = \frac{x}{3},\ 0 \leqslant x \leqslant 3 \tag{3-27}$$

（17）工艺流程的复杂程度

将工艺流程的复杂程度分为较简单、简单、一般、较复杂、复杂 5 个级别，见表 3-17。

表3-17　工艺流程的复杂程度

工艺流程的复杂程度	简单	较简单	一般	较复杂	复杂
级别	0~1	1~2	2~3	3~4	4~5

隶属函数表达式为

$$\mu_{A322}(x) = \frac{x}{5}, \ 0 \leqslant x \leqslant 5 \tag{3-28}$$

（18）技术成熟度

将技术成熟度分为小试、中试、工业示范、工业应用、商业化5个等级，见表3-18。

表3-18　技术成熟度分级

技术成熟度	小试	中试	工业示范	工业应用	商业化
级别	0~1	1~2	2~3	3~4	4~5

隶属函数表达式为

$$\mu_{A323}(x) = \frac{x}{5}, \ 0 \leqslant x \leqslant 5 \tag{3-29}$$

（19）系统升级性能

将系统升级性能分为差、较差、中、较好、好5级，见表3-19。

表3-19　系统升级性能分级

系统升级性能	差	较差	中	较好	好
级别	0~1	1~2	2~3	3~4	4~5

隶属函数表达式为

$$\mu_{A324}(x) = \frac{x}{5}, \ 0 \leqslant x \leqslant 5 \tag{3-30}$$

（20）FGD自身的安全性

将脱硫系统自身的安全性分为差、较差、一般、较好、好5级，见表3-20所示。

表 3-20 FGD 自身安全性

FGD 自身安全性	差	较差	一般	较好	好
级别	0~1	1~2	2~3	3~4	4~5

隶属函数表达式为

$$\mu_{A325}(x) = \frac{x}{5}, \ 0 \leqslant x \leqslant 5 \tag{3-31}$$

根据以上数据和隶属度函数,确定各类技术评估指标的隶属度,见表 3-21。

3. 建立权重集

采用专家打分法和层次分析法,确定各指标权重,见表 3-22。

表 3-21 指标隶属度计算结果

评估指标体系				技术类别			
目标层	准则层	指标层	子指标层	A	B	C	D
烟气脱硫技术的适用性	环境特性指标	与排放标准接近程度		0.167	0.5	0.5	0.833
		脱硫产物对环境影响		0.3	0.3	0.3	0.5
		脱硫效率/%		0.375	0.5	0.625	0.75
		Ca(氨)/S		0.5	0.75	0.75	0.85
	经济性能指标	设备及其运行的经济性	FGD 占电厂总投资的比例/%	0.5	0.4	0.95	0.85
			单位脱硫成本/(元/t SO₂)	0.75	0.7	0.783	0.85
			运行费用	0.7	0.5	0.7	0.7
			占地面积/m²/kW	0.972	0.714	0.976	0.76
			电耗占总发电量比例/%	0.75	0.438	0.25	0.688
		脱硫剂的经济性	脱硫副产品处理和利用	0.125	0.125	0.125	0.375
			吸收剂可获得性	0.9	0.7	0.5	0.9
			吸收剂易处理性	0.9	0.5	0.5	0.9
			吸收剂利用率	0.3	0.3	0.3	0.7

评估指标体系				技术类别			
目标层	准则层	指标层	子指标层	A	B	C	D
烟气脱硫技术的适用性	技术性能指标	对机组的影响	对锅炉和烟气处理系统影响	0.3	0.5	0.3	0.5
			对机组安全性的影响	0.375	0.625	0.625	0.625
		技术特性	适用煤种	0.5	0.5	0.167	0.833
			工艺流程的复杂程度	0.7	0.7	0.9	0.9
			技术成熟程度	0.5	0.5	0.5	0.9
			系统升级性能	0.7	0.5	0.9	0.5
			FGD 自身的安全性	0.3	0.5	0.7	0.7

表 3-22 指标权重设置

目标层	准则层	权重	指标层	权重	子指标层	权重
烟气脱硫技术的适用性	环境特性指标	0.35	与排放标准接近程度	0.15		
			脱硫产物对环境影响	0.05		
			脱硫效率/%	0.5		
			Ca（氨）/S 比	0.3		
	经济性能指标	0.35	设备及其运行的经济性	0.6	FGD 占电厂总投资的比例/%	0.33
					单位脱硫成本/（元/t SO$_2$）	0.20
					运行费用	0.10
					占地面积/m^2/kW	0.09
					电耗占总发电量比例/%	0.28
			脱硫剂的经济性	0.4	脱硫副产品处理和利用	0.10
					吸收剂可获得性	0.37
					吸收剂易处理性	0.18
					吸收剂利用率	0.35

目标层	准则层	权重	指标层	权重	子指标层	权重
烟气脱硫技术的适用性	技术性能指标	0.3	对机组的影响	0.45	对锅炉和烟气处理系统影响	0.45
					对机组安全性的影响	0.55
			技术特性	0.55	适用煤种	0.15
					工艺流程的复杂程度	0.10
					技术成熟程度	0.37
					系统升级性能	0.05
					FGD 自身的安全性	0.33

4. 模糊综合评估

（1）初级模糊综合评估

以设备及其运行的经济性能指标评估为例，建立权数向量 $A_{21} = \{0.33,$ $0.2, 0.1, 0.09, 0.28\}$，建立隶属度矩阵

$$R_{21} = \begin{cases} 0.5 & 0.4 & 0.95 & 0.85 \\ 0.75 & 0.7 & 0.783 & 0.85 \\ 0.7 & 0.5 & 0.7 & 0.7 \\ 0.952 & 0.714 & 0.976 & 0.76 \\ 0.75 & 0.438 & 0.25 & 0.688 \end{cases}$$

那么，$B_{21} = A_{21} \cdot R_{21} = \{0.678, 0.509, 0.698, 0.782\}$。同理可得：$B_{22} = A_{22} \cdot R_{22} = \{0.613, 0.467, 0.393, 0.63\}$；$B_{31} = A_{31} \cdot R_{31} = \{0.341, 0.569, 0.479, 0.569\}$；$B_{32} = A_{32} \cdot R_{32} = \{0.464, 0.52, 0.576, 0.804\}$。

（2）二级评估

二级评估计算方法同初级模糊综合评估，由此可得到以下内容。

1）环境特性指标性能评估：$B_1 = A_1 \cdot R_1 = \{0.378, 0.565, 0.628, 0.78\}$。

2）经济性能指标评估：$B_2 = A_2 \cdot R_2 = \{0.6520, 0.4922, 0.5760, 0.7212\}$。

3）脱硫技术自身的性能指标评估：$B_3 = A_3 \cdot R_3 = \{0.4087, 0.5421, 0.5323, 0.6983\}$。

（3）模糊综合评估

由权重矩阵 $A = \{0.35, 0.35, 0.3\}$ 和模糊综合矩阵

$$R = \begin{Bmatrix} B_1 \\ B_2 \\ B_3 \end{Bmatrix} = \begin{pmatrix} 0.378 & 0.565 & 0.628 & 0.78 \\ 0.6520 & 0.4922 & 0.5760 & 0.7212 \\ 0.4087 & 0.5421 & 0.5323 & 0.6983 \end{pmatrix}$$

得到：$B = A \cdot R = \{0.4831, 0.5327, 0.5811, 0.7349\}$。

根据最大隶属度原则，技术 D 为优先考虑的技术，其他依次为 C、B、A。

通过以上分析可以得到四种烟气脱硫技术节能减排先进适用性优劣得分排序，据此可为行业专家遴选技术提供决策依据。

3.3.2 有色行业铜冶炼工序生产技术节能减排先进适用性评价

有色铜冶炼工艺有多种，除我国自主研发的白银炼铜技术和富氧底吹炼铜工艺技术外，还有引进的国外先进炼铜工艺，如闪速熔炼技术、艾萨/奥斯麦特工艺技术、诺兰达炼铜技术等。经过初步遴选后对六种主要的铜冶炼技术进行评价。由于主体工艺技术指标参数多，除了定量指标参数外，还涉及自动化、技术普及程度、推广前景、国产化水平等定性指标，因此采用多属性综合评价对这些技术进行评价。

1. 构建铜冶炼工序生产技术评价指标体系及因素集

根据铜冶炼工序生产技术的特点，结合节能减排技术先进适用性评价指标体系框架，构建的该类型技术的评价指标体系见表 3-23。

表 3-23 铜冶炼工序节能减排技术评价指标体系

目标层	准则层	评价指标层	单位
铜冶炼节能减排技术的先进适用性	资源消耗指标	铜精矿	t/t 粗铜
		氧气	Nm³/t 粗铜
	能源消耗指标	综合能耗	kgce/t 粗铜
		电耗	kW·h/t 粗铜
		天然气消耗	kgce/t 粗铜
		水耗	t/t 粗铜
		蒸汽	t/t 粗铜

目标层	准则层	评价指标层	单位
铜冶炼节能减排技术的先进适用性	污染物排放指标	烟气 SO_2 浓度	%
		烟尘率	%
	经济成本指标	投资成本	万元/t 粗铜
		运行成本	元/t 粗铜
	技术特性指标	技术自动化水平	
		技术普及程度	
		技术推广应用前景	
		技术国产化水平	

根据上述评价指标体系确定的因素集如下。

1）$U = \{U_1, U_2, U_3, U_4, U_5, U_6\} = \{$资源消耗指标，能源消耗指标，污染物排放指标，经济成本指标，技术特性指标$\}$。

2）$U_1 = \{U_{11}, U_{12}\} = \{$铜精矿消耗，氧气消耗$\}$。

3）$U_2 = \{U_{21}, U_{22}, U_{23}, U_{24}, U_{25}\} = \{$综合能耗，电耗，天然气消耗，水耗，蒸汽$\}$。

4）$U_3 = \{U_{31}, U_{32}\} = \{$烟气 SO_2 浓度，烟尘率$\}$。

5）$U_4 = \{U_{41}, U_{42}\} = \{$投资成本，运行成本$\}$。

6）$U_5 = \{U_{51}, U_{52}, U_{53}, U_{54}\} = \{$技术自动化水平，技术普及程度，技术推广应用前景，技术国产化水平$\}$。

2. 确定隶属度函数并计算

有色行业通过调研和专家打分，获取了各项节能减排技术的指标数值，见表 3-6。其中定量指标中污染物排放指标烟气 SO_2 浓度越高越好，有利于后续工艺 SO_2 回收制酸；其他定量指标（如铜精矿消耗、综合能耗等）则是越低越好。定量指标的隶属度通过隶属函数获得（表 3-24），定性指标则根据专家打分结果计算隶属度。

所有指标的隶属度函数的建立如下所示。

1）单位产能的铜精矿消耗：

$$\mu_{A11}(x) = \begin{cases} 0, & x \geq 4.64 \\ \dfrac{4.64 - x}{4.64 - 4.347}, & 40 < x < 100 \\ 1, & x \leq 4.347 \end{cases} \quad (3\text{-}32)$$

2）单位产能的氧气消耗：

$$\mu_{A12}(x) = \begin{cases} 0, & x \geqslant 700 \\ \dfrac{700-x}{700}, & 0 < x < 700 \\ 1, & x \leqslant 0 \end{cases} \tag{3-33}$$

3）单位产能的综合能耗：

$$\mu_{A21}(x) = \begin{cases} 0, & x \geqslant 266.3 \\ \dfrac{266.3-x}{266.3-173}, & 173 < x < 266.3 \\ 1, & x \leqslant 173 \end{cases} \tag{3-34}$$

4）单位产能的电耗：

$$\mu_{A22}(x) = \begin{cases} 0, & x \geqslant 1035 \\ \dfrac{1035-x}{1035-625}, & 625 < x < 1035 \\ 1, & x \leqslant 625 \end{cases} \tag{3-35}$$

5）单位产能的天然气/重油/原煤消耗：

$$\mu_{A23}(x) = \begin{cases} 0, & x \geqslant 453.98 \\ \dfrac{453.98-x}{453.98-20.42}, & 20.42 < x < 453.98 \\ 1, & x \leqslant 20.42 \end{cases} \tag{3-36}$$

6）单位产能的水耗：

$$\mu_{A24}(x) = \begin{cases} 0, & x \geqslant 16.2 \\ \dfrac{16.2-x}{16.2-3.5}, & 3.5 < x < 16.2 \\ 1, & x \leqslant 3.5 \end{cases} \tag{3-37}$$

7）单位产能的蒸汽消耗：

$$\mu_{A25}(x) = \begin{cases} 0, & x \geqslant 1.44 \\ \dfrac{1.44-x}{1.44}, & 0 < x < 1.44 \\ 1, & x \leqslant 0 \end{cases} \tag{3-38}$$

表 3-24 铜冶炼工序节能减排技术评价指标值

技术名称 评价指标	闪速熔炼技术	艾萨/奥斯迈特熔炼技术	富氧侧吹熔池熔炼技术	氧气底吹熔炼技术	白银炼铜技术	诺兰达炼铜技术
铜精矿（t/t 精铜）	4.384	4.347	4.489	4.44	4.64	4.38
氧气（Nm³/t 粗铜）	665	700	560	625	0	429

技术名称 评价指标	闪速熔炼技术	艾萨/奥斯迈特熔炼技术	富氧侧吹熔池熔炼技术	氧气底吹熔炼技术	白银炼铜技术	诺兰达炼铜技术
综合能耗（kgce/t 粗铜）	173	253.3	266.3	194.71	240.95	250
电耗（kW·h/t 粗铜）	625	900	991	1035	780	780
天然气（kgce/t 粗铜）	48.56	20.42	122.81	39.41	106.94	453.98
水耗（t/t 粗铜）	16.2	3.5	7.2	6.35	7.14	10
蒸汽（t/t 粗铜）	1.44	1.4	0	1.2	0.008	1.3
烟气 SO_2 浓度（%）	36.49	13.6	11	15	11	17
烟尘率（%）	7	2.5	1.5	2.5	3	3
投资成本(万元/t 粗铜)	0.9	1.5	0.75	0.8	0.15	0.12
运行成本（元/t 粗铜）	20	23	21	23	24	23
技术自动化水平	3.56	3.67	3.78	3.67	3.33	3.33
技术普及程度	3.22	3.78	3.44	3.11	3	2.67
技术推广应用前景	3.44	3.78	3.67	2.78	2.67	2.56
技术国产化水平	2.78	3.56	3.56	3.44	3.33	3

8）烟气 SO_2 浓度：

$$\mu_{A31}(x) = \begin{cases} 0, & x \leq 11 \\ \dfrac{x-11}{36.49-11}, & 11 < x < 36.49 \\ 1, & x \geq 36.49 \end{cases} \quad (3\text{-}39)$$

9）烟尘率：

$$\mu_{A32}(x) = \begin{cases} 0, & x \geq 7 \\ \dfrac{7-x}{7-1.5}, & 1.5 < x < 7 \\ 1, & x \leq 1.5 \end{cases} \quad (3\text{-}40)$$

10）单位产能的设备投资成本：

$$\mu_{A41}(x) = \begin{cases} 0, & x \geq 1.5 \\ \dfrac{1.5-x}{1.5-0.12}, & 0.12 < x < 1.5 \\ 1, & x \leq 0.12 \end{cases} \quad (3\text{-}41)$$

11）单位产能的运行维护成本：

$$\mu_{A42}(x) = \begin{cases} 0, & x \geqslant 24 \\ \dfrac{24-x}{24-20}, & 20 < x < 24 \\ 1, & x \leqslant 20 \end{cases} \tag{3-42}$$

12）技术自动化水平反映的是该技术的先进智能程度和操作简便程度，水平从①到⑤依次递增，隶属度函数表达式如下：

$$\mu_{A51}(x) = \frac{x}{5}, \ 0 \leqslant x \leqslant 5 \tag{3-43}$$

13）技术普及程度反映的是该技术在国内的应用普及情况，程度从①到⑤依次递增，隶属度函数表达式如下：

$$\mu_{A52}(x) = \frac{x}{5}, \ 0 \leqslant x \leqslant 5 \tag{3-44}$$

14）技术推广应用前景反映的是该技术的适用范围和推广应用程度，程度从①到⑤依次递增，隶属度函数表达式如下：

$$\mu_{A53}(x) = \frac{x}{5}, \ 0 \leqslant x \leqslant 5 \tag{3-45}$$

15）技术国产化水平反映的是该技术的相关设备、材料的国内自给率，水平从①到⑤依次递增，隶属度函数表达式如下：

$$\mu_{A54}(x) = \frac{x}{5}, \ 0 \leqslant x \leqslant 5 \tag{3-46}$$

根据以上数据和隶属度函数，确定各类技术评价指标的隶属度，见表3-25。

表3-25　铜冶炼工序节能减排技术评价指标隶属度

技术名称 评价指标	闪速熔炼技术	艾萨/奥斯迈特熔炼技术	富氧侧吹熔池熔炼技术	氧气底吹熔炼技术	白银炼铜技术	诺兰达炼铜技术
铜精矿	0.87	1.00	0.52	0.68	0.00	0.89
氧气	0.05	0.00	0.20	0.11	1.00	0.39
综合能耗	1.00	0.14	0.00	0.77	0.27	0.17
电耗	1.00	0.33	0.11	0.00	0.62	0.62
天然气	0.94	1.00	0.76	0.96	0.80	0.00
水耗	0.00	1.00	0.71	0.78	0.71	0.49
蒸汽	0.00	0.03	1.00	0.17	0.99	0.10
烟气 SO_2 浓度	1.00	0.10	0.00	0.16	0.00	0.24
烟尘率	0.00	0.82	1.00	0.82	0.73	0.73

技术名称 评价指标	闪速熔炼技术	艾萨/奥斯迈特熔炼技术	富氧侧吹熔池熔炼技术	氧气底吹熔炼技术	白银炼铜技术	诺兰达炼铜技术
投资成本	0.43	0.00	0.54	0.51	0.98	1.00
运行成本	1.00	0.25	0.75	0.25	0.00	0.25
技术自动化水平	0.71	0.73	0.76	0.73	0.67	0.67
技术普及程度	0.64	0.76	0.69	0.62	0.60	0.53
技术推广应用前景	0.69	0.76	0.73	0.56	0.53	0.51
技术国产化水平	0.56	0.71	0.71	0.69	0.67	0.60

3. 建立权重集

采用德尔菲法确定指标权重。通过专家咨询会议讨论选定了最终的评价指标，并向行业专家发放了打分表 45 份，收到有效表 22 份。利用层次分析法，综合各位专家意见进行计算，确定的各指标权重见表 3-26。

表 3-26　评价指标权重

目标层	准则层	一级权重	指标层	二级权重
节能减排技术的 先进适用性	资源消耗指标	0.12	铜精矿	0.583
			氧气	0.417
	能源消耗指标	0.14	综合能耗	0.214
			电耗	0.214
			天然气消耗	0.214
			水耗	0.214
			蒸汽	0.144
	污染物排放指标	0.14	烟气 SO_2 浓度	0.500
			烟尘率	0.500
	经济成本指标	0.08	投资成本	0.500
			运行成本	0.500
	技术特性	0.52	技术自动化水平	0.231
			技术普及程度	0.250
			技术推广应用前景	0.250
			技术国产化水平	0.269

4. 先进适用性综合评价

（1）资源消耗指标评价

由建立的权重向量 $A_1 = \{0.583, 0.417\}$ 和隶属度矩阵

$$R_1 = \begin{Bmatrix} 0.87 & 1.00 & 0.52 & 0.68 & 0.00 & 0.89 \\ 0.05 & 0.00 & 0.20 & 0.11 & 1.00 & 0.39 \end{Bmatrix}$$

可得，$B_1 = A_1 \cdot R_1 = \{0.53, 0.58, 0.38, 0.44, 0.42, 0.68\}$。

（2）能源消耗指标评价

由建立的权重向量 $A_2 = \{0.214, 0.214, 0.214, 0.214, 0.144\}$ 和隶属度矩阵

$$R_2 = \begin{Bmatrix} 1.00 & 0.14 & 0.00 & 0.77 & 0.27 & 0.17 \\ 1.00 & 0.33 & 0.11 & 0.00 & 0.62 & 0.62 \\ 0.94 & 1.00 & 0.76 & 0.96 & 0.80 & 0.00 \\ 0.00 & 1.00 & 0.71 & 0.78 & 0.71 & 0.49 \\ 0.00 & 0.03 & 1.00 & 0.17 & 0.99 & 0.10 \end{Bmatrix}$$

可得，$B_2 = A_2 \cdot R_2 = \{0.63, 0.53, 0.48, 0.56, 0.66, 0.29\}$。

（3）污染物排放指标评价

由建立的权重向量 $A_3 = \{0.5, 0.5\}$ 和隶属度矩阵

$$R_3 = \begin{Bmatrix} 1.00 & 0.10 & 0.00 & 0.16 & 0.00 & 0.24 \\ 0.00 & 0.82 & 1.00 & 0.82 & 0.73 & 0.73 \end{Bmatrix}$$

可得，$B_3 = A_3 \cdot R_3 = \{0.50, 0.46, 0.50, 0.49, 0.37, 0.49\}$。

（4）成本效益指标评价

由建立的权重向量 $A_4 = \{0.5, 0.5\}$ 和隶属度矩阵

$$R_4 = \begin{Bmatrix} 0.43 & 0.00 & 0.54 & 0.51 & 0.98 & 1.00 \\ 1.00 & 0.25 & 0.75 & 0.25 & 0.00 & 0.25 \end{Bmatrix}$$

可得，$B_4 = A_4 \cdot R_4 = \{0.72, 0.13, 0.65, 0.38, 0.49, 0.63\}$。

（5）技术性能指标评价

由建立的权重向量 $A_5 = \{0.231, 0.250, 0.250, 0.269\}$ 和隶属度矩阵

$$R_5 \begin{cases} 0.71 & 0.73 & 0.76 & 0.73 & 0.67 & 0.67 \\ 0.64 & 0.76 & 0.69 & 0.62 & 0.60 & 0.53 \\ 0.69 & 0.76 & 0.73 & 0.56 & 0.53 & 0.51 \\ 0.56 & 0.71 & 0.71 & 0.69 & 0.67 & 0.60 \end{cases}$$

可得, $B_5 = A_5 \cdot R_5 = \{0.65, 0.74, 0.72, 0.65, 0.62, 0.58\}$。

（6）综合评价

由建立的权重向量 $A_0 = \{0.12, 0.14, 0.14, 0.08, 0.52\}$ 和隶属度矩阵

$$R_0 = \begin{cases} 0.53 & 0.58 & 0.38 & 0.44 & 0.42 & 0.68 \\ 0.63 & 0.53 & 0.48 & 0.56 & 0.66 & 0.29 \\ 0.50 & 0.46 & 0.50 & 0.49 & 0.37 & 0.49 \\ 0.72 & 0.13 & 0.65 & 0.38 & 0.49 & 0.63 \\ 0.65 & 0.74 & 0.72 & 0.65 & 0.62 & 0.58 \end{cases}$$

可得, $B_0 = A_0 \cdot R_0 = \{0.62, 0.60, 0.61, 0.57, 0.56, 0.54\}$。

经评价计算可知, 有色行业熔炼工序节能减排先进适用技术评价得分由高到低依次为: 闪速熔炼技术、富氧侧吹熔池熔炼技术、艾萨/奥斯迈特熔炼技术、氧气底吹熔炼技术、白银炼铜技术和诺兰达炼铜技术。该评价得分包含了技术先进适用性评价的 5 个方面的信息, 能够较全面地反映技术的特点。结合有色专家意见, 推荐将闪速熔炼技术、富氧侧吹熔池熔炼技术、艾萨/奥斯迈特熔炼技术、氧气底吹熔炼技术作为重点推广技术列入节能减排先进适用技术目录。

3.3.3　造纸行业废纸制浆工序脱墨技术节能减排先进适用性评价

造纸行业技术类型多样, 技术参数繁杂。以造纸行业废纸制浆脱墨工序技术评价为例, 对常见的洗涤法、浮选法、浮选–洗涤法三种技术的先进适用性进行评价, 以说明多属性综合评价方法的使用过程。

1. 构建废纸制浆脱墨工序技术评价指标及因素集

根据废纸制浆脱墨工序生产技术的特点, 结合节能减排技术先进适用性评价指标体系框架, 构建了该类型技术的评价指标体系, 见表 3-27。

表 3-27 废纸制浆工序节能减排技术评价指标体系

目标层	准则层	指标层	单位
	资源消耗指标	新鲜水耗	t/t 产品
	能源消耗指标	电耗	kW·h/t 产品
	污染物排放指标	废水排放量	t/t 产品
		废水 COD 浓度	mg/L
节能减排技术的 先进适用性	经济成本指标	设备投资成本	万元/（万 t 产品/a）
		运行能源成本	元/t 产品
		脱墨浆得率	%
		技术稳定性	
	技术特性指标	技术普及程度	
		技术推广应用前景	
		技术国产化水平	

根据表 3-27 评价指标体系确定的因素集如下。

1）$U = \{U_1，U_2，U_3，U_4，U_5\}$ = ｛资源消耗指标，能源消耗指标，污染物排放指标，经济成本指标，技术特性指标｝。

2）$U_1 = \{U_{11}\}$ = ｛新鲜水耗｝。

3）$U_2 = \{U_{21}\}$ = ｛电耗｝。

4）$U_3 = \{U_{31}，U_{32}\}$ = ｛废水排放量，废水 COD 浓度｝。

5）$U_4 = \{U_{41}，U_{42}\}$ = ｛设备投资成本，运行能源成本｝。

6）$U_5 = \{U_{51}，U_{52}，U_{53}，U_{54}，U_{55}\}$ = ｛脱墨浆得率，技术稳定性，技术普及程度，技术推广应用前景，技术国产化水平｝。

2. 确定隶属度函数并计算

造纸行业通过调研和专家打分，获取各项节能减排技术的指标数值，见表 3-28。其中新鲜水耗、电耗、废水排放量、废水 COD 浓度、设备投资成本、运行能源成本为越小越好的定量指标值，脱墨浆得率为越大越好的定量指标值，其余为定性指标。定量指标的隶属度通过隶属函数计算获得，定性指标则根据专家打分的结果计算隶属度。

表 3-28 废纸制浆工序节能减排技术评价指标值

技术名称 评价指标	洗涤法脱墨技术	浮选法脱墨技术	浮选–洗涤法脱墨技术
新鲜水耗（t/t 产品）	63	5	4
电耗（kW·h/t 产品）	10	37	240

技术名称 评价指标	洗涤法脱墨技术	浮选法脱墨技术	浮选–洗涤法脱墨技术
废水排放量（t/t 产品）	55	5	12
废水 COD 浓度（mg/L）	3400	3500	3500
设备投资成本［万元/（万 t 产品）］	0.8	25	0.14
运行能源成本（元/t 产品）	170	37	280
脱墨得浆率（%）	80	84	78
技术稳定性	3.89	3.67	3.33
技术普及程度	4	3.67	3
技术推广应用前景	3.11	3.27	4
技术国产化水平	3.89	3.33	3.33

所有指标的隶属度函数建立如下，计算结果见表3-29。

1）单位绝干浆产能的新鲜水耗：

$$\mu_{A11}(x) = \begin{cases} 0, & x \geqslant 63 \\ \dfrac{63-x}{63-4}, & 4 < x < 63 \\ 1, & x \leqslant 4 \end{cases} \tag{3-47}$$

2）单位绝干浆产能的电耗：

$$\mu_{A21}(x) = \begin{cases} 0, & x \geqslant 240 \\ \dfrac{240-x}{240-10}, & 10 < x < 240 \\ 1, & x \leqslant 10 \end{cases} \tag{3-48}$$

3）单位绝干浆产能的废水排放量：

$$\mu_{A31}(x) = \begin{cases} 0, & x \geqslant 55 \\ \dfrac{55-x}{55-5}, & 5 < x < 55 \\ 1, & x \leqslant 5 \end{cases} \tag{3-49}$$

4）废水 COD 浓度：

$$\mu_{A32}(x) = \begin{cases} 0, & x \geqslant 3500 \\ \dfrac{3500-x}{3500-3400}, & 3400 < x < 3500 \\ 1, & x \leqslant 3400 \end{cases} \tag{3-50}$$

5）设备投资成本：

$$\mu_{A41}(x) = \begin{cases} 0, & x \geqslant 25 \\ \dfrac{25-x}{25-0.14}, & 0.14 < x < 25 \\ 1, & x \leqslant 0.14 \end{cases} \tag{3-51}$$

6）运行能源成本：

$$\mu_{A42}(x) = \begin{cases} 0, & x \geqslant 280 \\ \dfrac{280-x}{280-37}, & 37 < x < 280 \\ 1, & x \leqslant 37 \end{cases} \tag{3-52}$$

7）脱墨浆得率：

$$\mu_{A51}(x) = \begin{cases} 0, & x \leqslant 78 \\ \dfrac{x-78}{84-78}, & 78 < x < 84 \\ 1, & x \geqslant 84 \end{cases} \tag{3-53}$$

8）技术稳定性反映该技术的稳定性和成熟度，程度从 1~5 依次递增，隶属度函数表达式如下：

$$\mu_{A52}(x) = \frac{x}{5}, \ 0 \leqslant x \leqslant 5 \tag{3-54}$$

9）技术普及程度反映该技术在国内的应用普及情况，程度从 1~5 依次递增，隶属度函数表达式如下：

$$\mu_{A53}(x) = \frac{x}{5}, \ 0 \leqslant x \leqslant 5 \tag{3-55}$$

10）技术推广应用前景反映技术的适用范围和推广应用程度，程度从 1~5 依次递增，隶属度函数表达式如下：

$$\mu_{A54}(x) = \frac{x}{5}, \ 0 \leqslant x \leqslant 5 \tag{3-56}$$

11）技术国产化水平反映技术相关设备、材料的国内自给率，水平从 1~5 依次递增，隶属度函数表达式如下：

$$\mu_{A55}(x) = \frac{x}{5}, \ 0 \leqslant x \leqslant 5 \tag{3-57}$$

表 3-29　废纸制浆工序节能减排技术评价指标隶属度

技术名称 评价指标	洗涤法脱墨技术	浮选法脱墨技术	浮选-洗涤法脱墨技术
新鲜水耗	0.00	0.98	1.00

技术名称 评价指标	洗涤法脱墨技术	浮选法脱墨技术	浮选–洗涤法脱墨技术
电耗	1.00	0.88	0.00
废水排放量	0.00	1.00	0.86
废水 COD 浓度	1.00	0.00	0.00
设备投资成本	0.97	0.00	1.00
运行能源成本	0.45	1.00	0.00
脱墨得浆率	0.33	1.00	0.00
技术稳定性	0.78	0.73	0.67
技术普及程度	0.80	0.73	0.60
技术推广应用前景	0.62	0.65	0.80
技术国产化水平	0.78	0.67	0.67

3. 建立权重集

采用德尔菲法。通过专家咨询确定最终评价指标。向行业专家发放打分表 45 份。利用层次分析法，综合各位专家意见后进行计算，确定的各指标权重见表 3-30。

表 3-30　评价指标权重

目标层	准则层	一级权重	指标层	二级权重
节能减排技术的先进适用性	资源消耗指标	0.15	新鲜水耗	1
	能源消耗指	0.16	电耗	1
	污染物排放指标	0.14	废水排放量	0.400
			废水 COD 浓度	90.600
	成本效益指标	0.12	设备投资成本	0.350
			运行能源成本	0.650
	技术特性	0.43	脱墨浆得率	0.231
			技术稳定性	0.220
			技术普及程度	0.160
			技术推广应用前景	0.220
			技术国产化水平	0.169

4. 先进适用性综合评价

（1） 资源消耗指标评价

由于二级指标只有一个，因此可直接得到：

$$B_1 = \{0.00, \ 0.98, \ 1.00\}$$

（2） 能源消耗指标评价

由于二级指标只有一个，因此可直接得到：

$$B_2 = \{1.00, \ 0.88, \ 0.00\}$$

（3） 污染物排放指标评价

由建立的权重向量 $A_3 = \{0.400, \ 0.600\}$ 和隶属度矩阵

$$R_3 = \left\{ \begin{array}{ccc} 0.00 & 1.00 & 0.86 \\ 1.00 & 0.00 & 0.00 \end{array} \right\}$$

可得，$B_3 = A_3 \cdot R_3 = \{0.600, \ 0.400, \ 0.344\}$

（4） 成本效益指标评价

由建立的权重向量 $A_4 = \{0.350, \ 0.650\}$ 和隶属度矩阵

$$R_4 = \left\{ \begin{array}{ccc} 0.97 & 0.00 & 1.00 \\ 0.45 & 1.00 & 0.00 \end{array} \right\}$$

可得，$B_4 = A_4 \cdot R_4 = \{0.632, \ 0.650, \ 0.350\}$

（5） 技术性能指标评价

由建立的权重向量 $A_5 = \{0.231, \ 0.220, \ 0.160, \ 0.220, \ 0.169\}$ 和隶属度矩阵

$$R_5 = \left\{ \begin{array}{ccc} 0.33 & 1.00 & 0.00 \\ 0.78 & 0.73 & 0.67 \\ 0.80 & 0.73 & 0.60 \\ 0.62 & 0.65 & 0.80 \\ 0.78 & 0.67 & 0.67 \end{array} \right\}$$

可得，$B_5 = A_5 \cdot R_5 = \{0.644, \ 0.765, \ 0.533\}$

（6） 综合评价

由建立的权重向量 $A_0 = \{0.15, \ 0.16, \ 0.14, \ 0.12, \ 0.43\}$ 和隶属度矩阵

$$R_0 = \begin{cases} 0.00 & 0.98 & 1.00 \\ 1.00 & 0.88 & 0.00 \\ 0.60 & 0.40 & 0.34 \\ 0.63 & 0.65 & 0.35 \\ 0.64 & 0.77 & 0.53 \end{cases}$$

可得，$B_0 = A_0 \cdot R_0 = \{0.595, 0.753, 0.468\}$。

经评价计算可知，造纸行业废纸制浆工序脱墨技术节能减排先进适用性评价得分由高到低依次为：浮选法脱墨技术、洗涤法脱墨技术、浮选-洗涤法脱墨技术。这一排序结果综合反映了节能减排技术先进适用性 5 个方面的评价内容信息，具有一定的参考价值。因此，推荐浮选法脱墨技术进入到节能减排先进适用技术目录。

3.4 小　　结

多属性综合评价方法应用流程相对简单，可将不同维度的信息加以综合，便于技术间的比较。同时，该评价方法还能够结合重点行业节能减排技术评价的实际需求，将定量指标和包含模糊信息的定性指标进行综合考虑，并用隶属度进行定量化处理。

在节能减排技术评价过程中经常会出现评价指标数量多、信息量大、信息模糊等情况。多属性综合评价方法模型以模糊集合论为理论基础，在处理模糊问题时具有优势，不仅能有效解决技术评价信息的模糊性问题与信息遗漏问题，而且其通过定量评价结果能直观体现不同技术先进适用性的优劣。

第4章 生命周期评价方法及应用

4.1 方 法 概 述

生命周期评价（life cycle assessment，LCA）方法是一种定量化、系统化评价各种产品、服务和技术所造成的综合资源环境影响的标准方法（郑秀君和胡彬，2013）。该评价方法具有系统全面、指标客观量化、工作方法标准化及方法应用普适性的优点，能够对产品全过程所涉及的各种资源环境问题进行分析评价，这种评价可以是宏观和微观两个方面。

国外 LCA 技术有广泛的应用基础，部分软件工具已商品化。近年来，国外 LCA 研究呈现出与经济分析结合的发展趋势，如生命周期的生态经济评价方法研究等。此外，从环境、经济和社会 3 个方面开展的 LCA 研究也比较受关注（孙启宏等，2000；沈兰和韦保仁，2010；周祖鹏和蒋占四，2013；中野加都子，2004）。

国内对 LCA 研究主要集中在方法学和应用研究两个方面。此外，相关软件、数据库的开发应用也是研究重点。方法学主要针对生命周期清单分析和生命周期影响评价，其应用研究在多个行业中均有体现（韦保仁等，2008；刘韵等，2011；染增英和马晓茜，2009；崔和瑞和艾宁，2010；胡新涛等，2010；Dixon，2003；Ortiz et al.，2007）。随着 LCA 理论的逐步发展，LCA 的应用范围将进一步拓宽，逐渐被应用于各种产品、技术、管理和政策决策过程的环境评价中。

国内外目前应用 LCA 进行工艺技术评价的研究文献很多，主要集中在污水处理、固体废物管理、金属冶炼等方面。主要研究成果见表 4-1。

表 4-1 LCA 用于工艺技术评价研究进展分析

研究人员	研究内容	结论
Dixon A.	芦苇床和曝气生物滤池工艺环境影响比较	芦苇床对环境排放的二氧化碳少，但产生的固体排放物多
Ortiz M.	比较常规活性污泥处理系统与增加三级处理达到回用水标准的系统	增加三级处理并没有显著增加环境负荷，在水资源缺乏地区应提倡回用水技术

研究人员	研究内容	结论
孟祥凤（2011）	A/A/O 和 MBR 工艺评价	MBR 在潜在富营养化效应方面贡献小于 A/A/O，在其他环境影响类别中贡献值较高
杨勤（2012）	对中小城镇常用的四种污水处理工艺进行评价	不同工艺碳足迹分析
杨健等（2000）	生物滤池法和活性污泥法比较	生物滤池法比活性污泥法更优
胡志锋等（2010）	垃圾卫生填埋、焚烧处理和综合处理方式的生命周期评价	综合处理方式明显优于卫生填埋和焚烧处理
周建国等（2002）	燃煤电厂选择性催化还原脱硝技术中还原剂的选择	对液氨与尿素的生产、运输、存储和供应、脱硝及废液处理 5 个过程进行了清单分析。分析结论表明，在选择还原剂时，应选用对环境负面影响小的液氨
李春山等（2013）	对干、湿两种烟气脱硫工艺进行环境影响评价	研究认为，无论是温室效应还是酸雨影响，湿法脱硫比干法脱硫对环境的影响要小得多，应采用湿法脱硫工艺
刘洪涛等（2013）	从致癌风险、温室效应、土地占用和能耗 4 个方面，比较好氧发酵、填埋、焚烧三种污泥处理处置工艺的环境负荷	好氧发酵是充分体现无害化和资源化原则的污泥处理工艺
漆雅庆（2013）	以污泥焚烧发电项目为研究对象，对污泥的产生、运输、焚烧和发电 4 个过程进行环境影响分析，并与燃煤发电做对比	污泥焚烧是项节能、环保、经济的项目
胡新涛等（2012）	分析比较碱性催化分解和红外高温焚烧技术在处理多氯联苯污染土壤全过程的环境影响	对各工艺单元的中间环境影响和最终的环境影响进行分析和比较，找出两种技术各单元过程负面环境影响的主要来源，为两种技术的工艺优化提供一定的基础数据
高斌，江霜英（2011）	对上海市某区 4 个不同可选生活垃圾处理方案的温室气体排放量进行分析	垃圾分类收集、分类处理的综合管理模式是最优方案
张浩等（2011）	对采用不同燃料的浮法玻璃生产过程进行环境影响分析评价	就初级能源消耗和环境效益而言，天然气是浮法玻璃生产的理想能源
曾广圆等（2012）	以火法炼铜全生命周期过程为研究对象，定量评价不同熔炼工艺生产铜过程的能源消耗和温室气体排放	传统工艺鼓风炉熔炼较闪速熔炼和熔池熔炼会产生更多的能耗和温室气体排放

由表 4-1 可知，LCA 是分析比较技术方案环境影响的有效方法，并已广泛应用于技术工艺方案间的比较研究。由于各研究选择的环境影响类型不同，没有一

个通用的综合性的指标来进行分析，因此各项研究之间的结论无法进行联系和对比，这影响了前期研究成果的应用价值。

在节能减排技术评价过程中，存在着局限于孤立的生产过程而忽略上下游生命周期、片面强调优势指标而忽略其他节能减排目标等方法学上的问题，这使得节能减排评价的结果缺乏全面性，甚至导致错误的判断，并影响到节能减排宏观政策目标的顺利实现（Wang et al.，2011；候萍等，2012）。这些方法学问题典型地表现在以下几个方面。

一是节能减排评价不应局限于孤立的生产过程，而忽略上游原材料生产过程及下游使用和废弃阶段的影响，即忽略环境问题"可能在不同生命周期阶段之间的转移"这种非常普遍的情况。理论上，当两种技术方案的原材料消耗不同时，如果不考虑上游原材料的生产过程，是不可能得出可信结论的。例如，评价电动汽车而忽略电力生产过程、评价太阳能发电而忽略太阳能电池的生产过程、评价生物燃油而忽略种植和提炼过程等，都是典型的例子。因此，全面科学的节能减排技术评价方法必须考虑技术生命周期全过程。

二是国家节能减排政策包含着多项量化的目标，因此在节能减排技术评价中不应片面强调技术某方面的优点，而忽视了环境问题"可能在不同节能减排政策目标之间转移"这种非常普遍的情况，即一种技术往往是以某些方面为代价换得另一些方面的改进。例如，火电烟气脱硫技术就是以额外的能耗和温室气体排放换得 SO_2 的减少，三者都在节能减排的政策目标范围之内，不能只强调 SO_2 的去除率，而忽略能耗与温室气体排放指标。因此，全面科学的节能减排技术评价方法应该包含与国家节能减排政策目标范围相一致的评价指标。

三是当一种节能减排评价方法涵盖了各生命周期阶段、涵盖了与政策目标对应的各项环境指标时，则很可能出现"在不同技术方案中各项指标相互冲突"的情况，因而无法得出明确结论的问题。例如，在各种火电烟气脱硫技术的对比分析中就很容易出现 SO_2 去除率、能耗、温室气体指标各有优势、相互矛盾的问题，因此还需要利用综合的评价方法，得到单一的综合指标，才能得出明确的结论。

生命周期评价方法为解决上述问题提供了最好的方法框架。本书基于 LCA 方法框架，按照我国节能减排政策规划的量化目标，建立定量、全面、综合的生命周期节能减排技术评价方法。

4.2　生命周期评价方法

生命周期评价方法是适用于评价所有产品环境影响的国际标准方法

（ISO14040 系列），可以为各行业、各种与生产和消费活动相关的决策过程提供一致的环境评价方法。LCA 方法的核心思想是对产品生命周期全过程的环境因素及其潜在影响进行量化、全面的评价，从而帮助研究者发现并进而改善环境问题在不同生命周期阶段和不同环境影响类型之间的转移（ISO，2000；戴宏民和戴佩华，2003）。欧盟称 LCA 方法是最佳的评价方法，也是未来评价绿色产品的唯一方法。

根据 ISO14040 标准的定义，生命周期是指产品从原材料的获取或自然资源的生成直至最终处置的一系列相互联系的过程。LCA 方法体系包括目的与范围确定、清单分析、影响评价和结果解释 4 个部分，如图 4-1 所示。

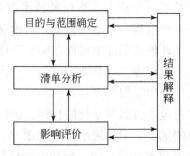

图 4-1　生命周期评价方法过程示意图

4.2.1　目的与范围确定

首先需要考虑所研究产品系统的功能、功能单位、系统边界、环境影响类型和评价方法、数据要求、研究的假定等内容，在此基础上合理确定研究范围，以保证实现研究的目的。LCA 是一个不断反复的过程，研究进程中可能由于收到新的信息而要求对研究范围进行修正。

1. 功能与功能单位

研究范围必须明确规定所研究系统的功能。功能单位是对产品系统输出功能的量度，其作用是为有关输入输出提供参照基准，以保证 LCA 结果的可比性。

2. 系统边界

系统边界是确定 LCA 研究的范围和包括的单元过程。以生活垃圾焚烧厂烟气处理技术运行阶段的环境影响评价为例，LCA 的系统边界确定为自烟气进入处理系统开始，到净化后排放到大气结束。该边界虽然包括了生活垃圾焚烧厂烟气处理工艺整个系统及其能源和物质输入输出的所有过程，但不包括烟气处理设施的建设及拆除阶段。

研究范围除包括烟气处理现场过程外，还包括上游消石灰、活性炭、工业用水、电力、工业用气、氨水等原料和能源的生产过程及公路运输过程。

4.2.2　清单分析

进行 LCA 分析研究必须为生命周期每一个过程收集其过程清单数据集，也就是在此过程中单位产出所对应的原料和能源的投入及各种排放。

将过程清单数据的来源分为两类：一类是从实际生产过程记录、技术方案或文献调查中获得的原始数据，经过处理后成为过程清单数据集，称为实景过程数据；另一类是从现有 LCA 基础数据库中找到并选用所需原料和能源的生产数据，称为背景过程数据。

4.2.3　影响评价

影响评价是将生命周期清单数据和具体的环境影响联系起来，根据生命周期清单分析的结果对潜在环境影响的程度进行评价。评价方法包括特征化分析、归一化分析、贡献分析和敏感度分析。

1. 特征化分析

特征化分析研究的基本步骤如下：选择一种环境影响类型，找出相关的清单物质种类，并建立从这些清单物质到产生环境影响的环境因果链模型。从因果链模型中选择一个效果参数，并选择一种基准物质，将其他清单物质的效果与基准物质的效果对比，可以得出各种清单物质的特征化因子，也就是同类环境影响的各种清单物质之间的当量因子或折算因子。在具体的 LCA 分析研究中，可以引用各种特征化因子将同类清单物质数据汇总为针对主要环境影响类型的特征化指标，用来描述产品系统造成的各种环境影响的大小。

（1）特征化指标

在生命周期清单表的基础上，可以采用特征化因子将清单物质数量汇总为针对主要环境影响类型的特征化指标，常用特征化指标包括：潜在酸化效应（acidification potential, AP）、一次能源消耗（primary energy demand, PED），潜在全球变暖效应（global warming potential, GWP）、潜在富营养化效应

（eutrophication potential，EP）、潜在非生物资源消耗（abiotic depletion potential，ADP）、可吸入无机物（respiratory inorganic，RI）等。

此外，还有一些本地化的特征化指标，如中国能源资源稀缺性指标（China abiotic depletion potential，CADP）、基于节能减排政策目标的指标体系（energy conservation and emission reduction，ECER）（赵吝加等，2012）。ECER 指标体系包括一次能源消耗、工业用水（industrial water use，IWU）、二氧化碳（CO_2）、二氧化硫（SO_2）、化学需氧量（COD）、氨氮、氮氧化物（NO_x）这七项节能减排指标。

为适应我国国情，同时综合考虑国内外政策关注的重点，清单数据的可获得性及特征化模型的适用性等因素，本书选择 AP、PED、GWP、EP、ADP 和 RI 6 类环境影响类型。另外，本书应用基于我国节能减排控制目标的节能减排综合评价方法来评价烟气处理技术的生命周期环境影响。

表 4-2 为各类环境影响类型对应的清单物质，在数据收集过程中应完整收集。

表 4-2　各类环境影响对应的清单物质

环境影响类型	对应的清单物质
AP	SO_2、NH_3、HCL、HF、H_2S、HNO_3、NO_2、NO、NO_x、H_3PO_4 等
PED	原煤、原油、天然气、太阳能、水能、风能等一次能源
GWP	CO_2、N_2O、CH_4、SF_6、HFCs、PFCs 等
EP	NH_3、NH_4^+、HNO_3、N、NO_2、NO、NO_x、H_3PO_4、P、P_2O_5、COD、硝酸盐、磷酸盐等
ADP	金、银、锑、锡、钨、钼、铅、铜、镍、钒、锌、钛、铬、萤石、滑石、重晶石、石墨、稀土、硫、钾、锰、磷、铝、石油、天然气、芒硝、铁、煤
RI	NH_3、CO、TPM、PM_{10}、$PM_{2.5}$、NO、NO_2、NO_x、硫化物、SO_2、SO_3 等
ECER	原煤、原油、天然气、工业用水量、CO_2、SO_2、COD、NO_x、氨氮

（2）特征化计算过程

特征化是指将分类后相同影响类型的不同清单物质进行汇总，并将各个影响因子对环境影响的贡献程度量化。特征化的结果是以各影响类别的相对贡献表示的，从而可以分析出不同的烟气处理工艺方案对不同环境类型的影响大小。

2. 归一化分析

LCA 结果中各种清单物质指标和特征化指标的单位、含义均不相同，因此不具有可比性，但有时为判断哪一种指标更为重要时，可以进行归一化计算。

首先收集归一化基准值，通常为一个国家或地区在某年的各种清单物质指标和特征化指标总量；然后将一个产品的生命周期清单物质指标或特征化指标除以各自对应的全国总量，即得到相应的归一化指标。归一化指标值其实是单位产品的生命周期指标在全国或地区总量中的比例，数值较大的归一化指标意味着产品生命周期的此类影响对全国的贡献大于其他影响种类。因此可能是更重要和更值得关注的能源环境问题。归一化计算是 LCA 分析中的一个可选步骤。

当存在多个特征化指标时，也就存在哪一个指标更重要的问题。各类环境影响归一化指标就是由特征化指标除以全国总量，以占全国总量的比例来判断主要影响类型。本书以中国 2010 年各类环境影响的主要贡献物质排放和消耗总量作为归一化的基准值。

3. 归一化加权的综合指标

在一般的技术评估和对比分析情况下，可以逐项对比各 LCA 特征化指标的优劣。但是，在对比分析多种方案时，各方案都可能有优势指标和劣势指标，无法得到明确的分析结论。因此，在综合评价环境影响时，可以采用归一化加权的综合指标，通过对所关心的指标进行加权，得出一个单一的综合指标和明确结论。

由于所有的加权算法都是主观价值判断，而不是基于科学依据，因此，如何得到合理的加权算法和权重因子是 LCA 分析的重点技术难题。

4. 贡献分析

所有生命周期指标均是由各个过程的同一指标累加得到的，因此所有生命周期指标均可进行过程分析，即哪些过程对全生命周期有主要的贡献。此外，由于特征化指标是由相应的清单物质指标汇总得到的，因此对于特征化指标，还可以分析构成其结果的下级清单物质指标的贡献。综合指标也可以做类似的贡献分析。

贡献分析实质上就是对各指标的构成结构进行分析，目的是找出生命周期影响的主要来源，从而辨识问题出现的主要环节和原因。通常贡献越大，改进的余地也越大。

5. 敏感度分析

敏感度分析也称为扰动分析，其实质是分析清单数据单位变化率引起的指标变化率，配合改进潜力估计，从而辨识最有效的改进点。由于实际的改进方案都是在具体过程的具体输入输出上发生变化，因此，敏感度分析是最重要的改进分析方法。敏感度分析是假设任意一项过程清单数据都有相同的变化范围，如果已知或估计出了实际可能的变化范围时，就可以计算出各指标的相应变化，称为潜力分析。

6. 方案对比分析

当不同方案进行比较时，不仅一些过程清单数据会发生变化，甚至生命周期模型及其包含的过程也会发生变化（如原料替换时，模型中的原料生产过程就完全改变了），称为方案对比分析或情境分析。

4.2.4 生命周期解释

生命周期解释就是在确定的研究目的和研究范围内，综合考虑生命周期清单分析和影响评价的发现，从而形成相应结论并提出建议。

LCA 提供了最佳的环境评价指标，后续的决策和措施不仅可以体现生命周期解释中所确定的环境内涵，还可以结合技术可行性、经济效益、社会效益等因素进行综合分析。

4.2.5 基础数据库与软件

生命周期评价需要大量的数据支持，因此国内外开发了多种数据库和评估软件。国际上比较有名、应用比较广泛的评估软件有荷兰的 SimaPro 和德国的 GaBi，数据库有 Eco-invent 等。

SimaPro 软件由荷兰 Leiden 大学环境科学中心（CML）开发，该软件于 1990 年首度推出，现今版本更新为第七代（version 7.2）。其每一代的发展，都代表着生命周期影响评价方法的更新，但仍保留旧有的评价方法，供使用者参考选用。GaBi 软件是由德国斯图加特大学 LBP 研究所和 PE 公司共同研发，是生命周期评价的专用工具，目前的 GaBi4 软件可以帮助企业通过采用生命周期评价的方法满足以下外部（国际法律法规标准等要求）和内部要求（产品研发、产品绿色设计等）：环境管理企业社会责任（CSR）的报告、生命周期评价、碳足迹水足迹环境产品声明（EPD）、面向环境设计（DfE）/生态设计、EuP 指令、温室气体计算、企业碳核算、生命周期评价生命周期工程、企业能效研究分析、改进物质流分析公司生态平衡、环境报告可持续性报告环境产品声明（EPD）等。Eco-invent 数据库是由瑞士联邦机构协调组织在 1990 年对若干公共生命周期数据库基础上整合开发的数据库软件，于 2003 年正式推出，此后不断扩展和修订，2007 年发布了 2.0 版本，并逐步成为世界上广泛使用的清单数据库之一。目前最新的版本是 2015 年 11 月 30 日发布的 3.2 版本。此外，还有欧盟研究总署（JRC，EC）提供的欧盟生命周期基础数据库（ELCD）。

国内比较成熟的 LCA 软件和数据库有四川大学（与亿科环境科技有限公司）联合推出的 e-Balance 软件和中国生命周期基础数据库（Chinese life cycle database，CLCD）。中国本地化的生命周期基础数据库的数据来自行业统计与文献，其代表中国市场平均，包含资源消耗及与节能减排相关的多项指标——包括电力、煤炭、柴油、汽油、钢铁、焦炭、蒸汽、水泥、玻璃、铝、纯碱、烧碱、硫酸、盐酸、公路运输、铁路运输等 500 多种基础性产品的生命周期数据，数据涵盖了"十二五"节能减排政策所要求的主要物质，而且在 CLCD 的核心模型中也区分了国内生产和国外进口两类过程，相应的环境数据区分了在国内或国外发生两种情况，从而符合 ECER 方法的定义，可以为 ECER 方法的应用提供背景数据支持。

e-Balance 软件中提供了一种基于节能减排政策目标的评价指标体系 ECER（energy conservation and emission reduction），用于定量、全面、综合地评价技术的节能减排效果。支持 ECER 评价方法步骤，除生命周期建模、清单数据输入、LCA 计算与指标分析等主要功能外，允许用户指定 LCA 模型中的某个单元过程是否是发生在中国国内的过程，由此区分国内与国外过程（ECER 方法只涉及国内过程部分）。并且，e-Balance 预置了节能减排指标体系，包括中国 2010 年归一化基准值、权重因子等，在清单数据的基础上可以计算特征化指标、归一化加权的节能减排综合指标，并进行贡献分析、敏感性分析等。

4.3 评价方法应用案例

4.3.1 生活垃圾焚烧烟气处理技术评价

随着社会发展和城市人口的增加，生活垃圾数量日趋增多。垃圾的处理问题对生态环境、居民的生活质量和城市建设将产生越来越大的影响，及时有效处置生活垃圾成为建设文明现代化城市不可或缺的条件。垃圾焚烧是最为彻底的处理方式之一，其减量效果高达 80%~90%（王雷和张运翘，2008），并可回收垃圾低位热能，实现城市生活垃圾的减量化、无害化和资源化。近年来，我国经济发达地区已普遍采用焚烧方式处理生活垃圾（董珂等，2008）。

生活垃圾中主要含有 C、S、N、Cl 元素和少量重金属、玻璃等。当生活垃圾在焚烧炉进行焚烧时，会产生含有大量污染物的烟气，如粉尘（颗粒物），HCl、SO_x、NO_x 等酸性气体，有机类污染物及重金属等。如果这些物质不经过处理直接排放到大气，会对环境和人体造成伤害。本书以生活垃圾焚烧烟气处理技术评价为例说明生命周期评价方法的应用过程。

生活垃圾焚烧烟气处理技术评价的目标与范围如下。

1. 功能与功能单位

应用 LCA 方法对垃圾焚烧厂烟气处理技术进行分析评价。垃圾焚烧厂烟气处理技术系统的功能是对垃圾焚烧产生的烟气进行净化。为了对烟气处理系统的输入流和输出流进行标准化，为相关的输入流和输出流数据提供基准，以保证评价结果的可比性。评价过程中采用的功能单位为处理 1 小时原烟气所造成的环境影响。原烟气中的污染物浓度为烟尘：2020mg/Nm³；HCL：500 mg/Nm³；SO_2：242 mg/Nm³；NO_x：400 mg/Nm³；CO：20 mg/Nm³。

2. 系统边界

以常州生活垃圾焚烧厂为例，评价三种烟气处理技术运行阶段的环境影响。生命周期评价的系统边界确定为自烟气进入处理系统开始，到净化后排放到大气结束。该边界虽然包括了生活垃圾焚烧厂烟气处理工艺整个系统及其能源和物质输入输出的所有过程，但不包括烟气处理设施的建设及拆除阶段。

研究范围除包括烟气处理现场过程外，还包括上游消石灰、活性炭、工业用水、电力、工业用气、氨水等原料和能源的生产过程及公路运输过程。

去除垃圾焚烧烟气中的酸性气体主要是通过酸碱中和反应进行的，基本处理工艺有三类：干法、湿法与半干法（张文武和梅连廷，2008；杨华等，2003；林昌梅，2010）。在上述三类基本工艺基础上，近年来烟气脱酸的组合工艺不断涌现并付诸工程实践，如半干法+干法、干法+湿法等（潘海东等，2013；蹇瑞欢等，2010；陈善平，2010；李军等，2012）。本书比较的三种烟气处理技术组合分别为：①半干法；②半干法+干法；③SNCR+半干法+干法。图 4-2 为在软件工具中建立的三种烟气处理工艺技术的生命周期模型。

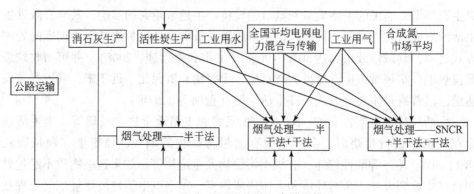

图 4-2　烟气处理系统的生命周期模型

4.3.2 清单数据收集

1. 烟气处理过程消耗的资源能源

烟气处理过程中消耗的资源能源包括氢氧化钙、活性炭、氨水、工业用水、工业用气和电力。各项资源能源消耗数据来源于常州生活垃圾焚烧厂实测值（表4-3）。

表4-3 资源能源消耗数据

序号	资源能源名称	单位	半干法	半干法+干法	SNCR+半干法+干法
1	氢氧化钙	kg/h	124.6	142.6	142.6
2	活性炭	kg/h	6.67	6.67	6.67
3	氨水	kg/h	—	—	1.6
4	工业用水	m^3/h	1780	1780	1780
5	电力	$kW \cdot h$	20	30	33
6	工业用气（≥0.6MPa）	Nm^3/min	1	15	20

2. 排放的污染物

烟气处理系统排放的污染物主要包括排放烟气中含有的大气污染物和烟气处理过程产生的固体废弃物，如飞灰等。

烟气污染物排放浓度数据来源于常州市环境监测中心监测报告，选取了烟气处理系统改造前后的 3 份监测报告，监测日期分别为 2010 年 4 月 16 日、2011 年 11 月 21 日和 2012 年 5 月 24 日。报告编号分别为：（2010）监测（气）字第（E-053）号、（2011）监测（气）字第（E-041）号和（2012）环监（气）字第（E-212-4）号。因常州生活垃圾焚烧厂烟气入口污染物浓度没有实测数据，本书选取了江苏省环境监测中心在江阴生活垃圾焚烧厂 3# 焚烧炉进口监测点位的监测数据，监测日期为 2012 年 9 月 20 日，报告编号为：（2012）环监（综）字第（154）号。

通过向常州垃圾焚烧厂和江阴垃圾焚烧厂的多位现场技术人员及设计单位专家咨询，普遍认为常州、江阴两厂由于仅相距 30km，故垃圾成分类似，可采用相同的工艺技术，加之运行管理模式也都由光大环保统一规定，因此可将江阴垃圾焚烧厂烟气入口污染物浓度监测数据应用于本书评估。根据上述监测报告结果，可得出三种烟气处理系统处理后的烟气污染物排放浓度（表4-4）。

表4-4　不同工艺系统处理后的烟气污染物排放浓度

序号	污染物	单位	入口值	出口值		
				半干法	半干法+干法	SNCR+半干法+干法
1	烟尘	mg/Nm³	$2.02×10^3$	16.2	9.6	12.7
2	HCl	mg/Nm³	500	41.4	11.1	10.7
3	SO_2	mg/Nm³	242	1	1	39
4	NO_x	mg/Nm³	400	378	328	197
5	CO	mg/Nm³	20	0.1	0.1	13
6	烟气黑度	格林曼级		<1.0	<1.0	<1.0

烟气处理过程产生的固体废弃物主要有飞灰、烟气处理残渣等。每小时的产生量约为15000kg。

3. 过程清单数据

生命周期评价模型中包括的过程有：消石灰、电力、活性炭、氨水、工业用水、工业用气的生产过程，公路运输过程及上述3种方案的烟气处理过程。其中，烟气处理过程数据来自于企业的调查数据，其他过程数据主要来自中国生命周期基础数据库CLCD，工业用气、工业用水等数据来自Eco-invent数据库。

（1）烟气处理过程清单数据

三种技术方案的烟气处理过程清单数据见表4-5。

表4-5　烟气处理过程清单表

清单类别		单位	半干法	半干法+干法	SNCR+半干法+干法
产品投入	消石灰	kg	$1.25×10^2$	$1.25×10^2$	$1.25×10^2$
	活性炭	kg	6.67	6.67	6.67
	工业用水	kg	$1.78×10^6$	$1.78×10^6$	$1.78×10^6$
	全国平均电网电力	kW·h	$2.00×10$	$3.00×10$	$3.30×10$
	工业用气	kg	$4.27×10^2$	$6.40×10^3$	$8.53×10^3$
	氨水	kg			1.60
	公路运输	t*km	$2.00×10^2$	$2.00×10^2$	$2.00×10^2$

清单类别		单位	半干法	半干法+干法	SNCR+半干法+干法
环境排放	颗粒物	kg	1.46	8.64×10^{-1}	1.14
	氯化氢	kg	3.73	9.99×10^{-1}	9.63×10^{-1}
	二氧化硫	kg	9.00×10^{-2}	9.00×10^{-2}	3.51
	氮氧化物	kg	3.40×10	2.95×10	1.77×10
	一氧化碳	kg	9.00×10^{-3}	9.00×10^{-3}	1.17
	汞	kg	8.02×10^{-5}	1.15×10^{-4}	8.91×10^{-5}
	铬	kg	5.96×10^{-4}	3.40×10^{-3}	1.80×10^{-3}
	铅	kg	2.10×10^{-2}	1.15×10^{-2}	3.60×10^{-3}
处置及副产品	飞灰	kg	1.50×10^{4}	1.50×10^{4}	1.50×10^{4}
待处置废物	颗粒物	kg	1.82×10^{2}	1.82×10^{2}	1.82×10^{2}
	氯化氢	kg	4.50×10	4.50×10	4.50×10
	二氧化硫	kg	2.18×10	2.18×10	2.18×10
	氮氧化物	kg	3.60×10	3.60×10	3.60×10
	一氧化碳	kg	1.80	1.80	1.80

（2）烟气处理上游过程清单数据

烟气处理的上游过程包括消石灰、电力、活性炭、氨水、工业用水、工业用气生产过程及公路运输过程，其清单数据来自中国生命周期基础数据库 CLCD 和 Eco-invent 数据库。在得到所有单元过程的清单数据后，可以计算单位产品的生命周期清单表，也就是计算在整个生命周期模型所涵盖的过程中，总共消耗的各种资源的数量和造成的环境排放的数量。

4.3.3 生命周期分析评价结果

1. 特征化计算结果

特征化是指将分类后相同环境影响类型的不同清单物质进行汇总，并将各个环境影响因子对环境影响的贡献程度量化。特征化的结果是用各环境影响类别的相对贡献表示。表 4-6 表示的是半干法（方案一）、半干法+干法（方案二）、SNCR+半干法+干法（方案三）三种工艺方案的特征化计算结果。

表 4-6 三种工艺方案的特征化计算结果

指标名称	半干法	半干法+干法	SNCR+半干法+干法
AP（kg SO$_2$ eq）	2.09×10^{-3}	1.72×10^{-3}	1.67×10^{-3}
PED（kgce）	8.75×10	2.49	1.75×10^3
GWP（kg CO$_2$ eq）	5.36×10^{-2}	5.38×10^{-2}	9.31×10^{-2}
EP（kg PO$_4^{3-}$ eq）	4.15×10^{-4}	3.77×10^{-4}	2.86×10^{-4}
ADP（kg antimony eq.）	3.39×10^{-7}	2.51×10^{-7}	2.08×10^{-6}
RI（kg PM$_{2.5}$ eq）	3.81×10^{-4}	3.50×10^{-4}	3.01×10^{-4}

2. 对不同环境类型的影响分析

（1）潜在酸化效应（acidification potential，AP）

以 SO$_2$ 作为参照物来衡量对 AP 的贡献程度。图 4-3 是三种烟气处理工艺方案对 AP 的贡献程度，可以看出三种烟气处理工艺方案对 AP 的贡献程度相差不大，半干法烟气处理工艺方案对 AP 的贡献程度略高于其他两个方案。

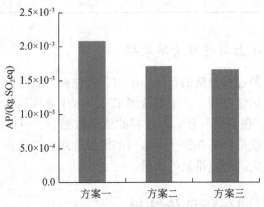

图 4-3 三种烟气处理工艺方案对 AP 的贡献程度

（2）一次能源消耗（primary energy demand，PED）

图 4-4 是三种烟气处理工艺方案对 PED 的贡献程度，可以看出对 PED 贡献程度最小的是半干法+干法工艺方案，其次是半干法工艺方案，SNCR+半干法+干法工艺方案对 PED 的贡献程度最大，明显高于其他两个方案。

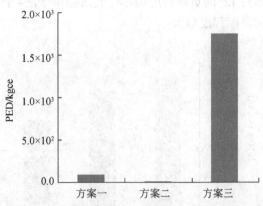

图 4-4　三种烟气处理工艺方案对 PED 的贡献程度

（3）潜在全球变暖效应（global warming potential，GWP）

以 CO_2 为参照物来衡量温室气体对全球平均气温升高进而影响气候变化的贡献程度。图 4-5 是三种烟气处理工艺方案对 GWP 的贡献程度，可以看出 SNCR+半干法+干法工艺方案对 GWP 的贡献程度最大，半干法工艺方案与半干法+干法工艺方案对 GWP 的贡献程度基本相同。

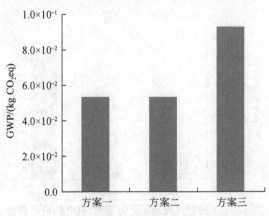

图 4-5　三种烟气处理工艺方案对 GWP 的贡献程度

（4）潜在富营养化效应（eutrophication potential，EP）

EP 的主要代表性因子为 COD、含氮物质和含磷物质。它们的总影响贡献超过 95％。图 4-6 是三种烟气处理工艺方案对 EP 的贡献程度，可以看出 SNCR+半干法+干法工艺方案对 EP 的贡献程度最小，其次是半干法+干法工艺方案，半干法工艺方案对 EP 的贡献程度最大。

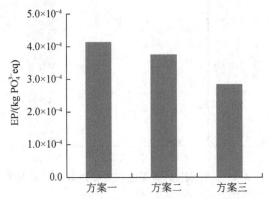

图 4-6　三种烟气处理工艺方案对 EP 的贡献程度

（5）潜在非生物资源消耗（abiotic depletion potential，ADP）

ADP 分为化石燃料资源消耗和化石元素资源消耗两类。图 4-7 是三种烟气处理工艺方案对 ADP 的贡献程度，可以看出对 ADP 贡献程度最小的是半干法+干法工艺方案，其次是半干法工艺方案，SNCR+半干法+干法工艺方案对 ADP 的贡献程度最大，明显高于其他两个方案。

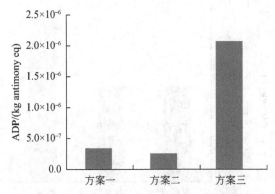

图 4-7　三种烟气处理工艺方案对 ADP 的贡献程度

（6）可吸入无机物（respiratory inorganic，RI）

图 4-8 是三种烟气处理工艺方案对 RI 的贡献程度，可以看出对 RI 贡献程度最小的是 SNCR+半干法+干法工艺方案，其次是半干法+干法工艺方案，半干法工艺方案对 RI 的贡献程度最大。

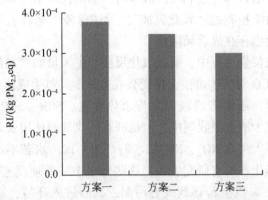

图 4-8　三种烟气处理工艺方案对 RI 的贡献程度

3. 归一化指标分析结果

以中国区域内 2010 年各类环境影响主要贡献的物质排放和消耗总量作为归一化基准值，可以计算得出三种烟气处理工艺方案各类环境影响归一化指标，见表 4-7。从表 4-7 可以看出，PED 是烟气处理工艺方案的主要环境影响类型。用 PED 评价三种烟气处理工艺方案，半干法+干法是最优的方案，其次是半干法方案，SNCR+半干法+干法工艺方案的 PED 最高。

表 4-7　三种烟气处理工艺方案各类环境影响归一化指标

指标名称	半干法	半干法+干法	SNCR+半干法+干法
AP	5.74×10^{-14}	4.71×10^{-14}	4.57×10^{-14}
PED	2.96×10^{-11}	8.43×10^{-13}	5.93×10^{-10}
GWP	5.08×10^{-15}	5.11×10^{-15}	8.83×10^{-15}
EP	1.10×10^{-13}	1.00×10^{-13}	7.61×10^{-14}
ADP	4.49×10^{-14}	3.33×10^{-14}	2.76×10^{-13}
RI	2.03×10^{-14}	1.86×10^{-14}	1.60×10^{-14}

4. 节能减排综合指标分析结果

环境影响本身是多种多样，因此需要开展多目标评价与综合分析。与此同时，在国家或者行业的节能减排政策制定上，也应存在多种节能减排的量化目标。在实际开展节能减排工作中，对能源消耗、不同污染物的控制成效是不一致的，因此不同环境影响之间的转移（如烟气脱硫形成了固体废物脱硫石膏）是普遍存在的。因此在具体技术政策措施中，不同的节能减排目标有可能相互冲突。在制定污染防治管理方法和技术政策时，如果仅以单一环境介质质量改善为目标，容易发生污染控制的"顾此失彼"，无法保障生态环境整体优化目标的实现，在环境管理上也存在显著局限性。

城市生活垃圾焚烧过程中，通过氧化反应产生大量烟气和热量，其中焚烧产生的 NO_x、CH_4、CO 等气体是使全球变暖或光化学臭氧生成的主要物质。为了净化烟气和回收能源，通常将垃圾焚烧与余热发电、SCR、SNCR 等技术相结合，将气态污染物固定于液态吸收剂中。但是液态吸收剂的使用及余热发电运作需要耗水，这又导致了大量含 NO_x、NH_4 污水的产生，该污水若不进行后续处理，将会造成水体富营养化。另有研究表明，这些污水中经处理设施去除的 NO_x、NH_3 等液态污染物有 25% 以上转移到固态污泥，其后进入环境，造成土壤酸化。除此之外，在对污泥的处理过程中，污泥干化焚烧、水泥窑掺烧还会产生气态、液态污染物。因此，焚烧烟气脱硝技术虽然实现了含氮污染物向大气圈的达标排放，但大量含氮污染物通过废烟气脱硝催化剂转移、再生和利用过程，以液态和固态形式转移到废酸、废水、污泥和废渣中，若不经妥善处理，将会造成严重的二次污染，使得新的环境污染问题不断出现。2016 年国家住房和城乡建设部，国家发展和改革委员会等多部委联合发布的《关于进一步加强城市生活垃圾焚烧处理工作的意见》对于焚烧产生的烟气、飞灰、渗滤液等二次污染控制仅限于末端监管与处理，在先进适用技术选择上未能充分考虑技术应用带来的跨介质环境影响。

基于节能减排控制目标的 LCA 指标体系 ECER，可以定量地综合评估节能减排的综合效果。采用节能减排综合评价指标 ECER 来评价三种烟气处理工艺方案的优劣，计算结果见表 4-8。从表 4-8 可以看出，节能减排综合指标的主要贡献指标是 PED、SO_2 和 NO_x。用 ECER 指标综合评价分析三种烟气处理工艺方案的结果如下：半干法+干法工艺方案最优，其次是半干法工艺方案，最后是 SNCR+半干法+干法工艺方案。

表 4-8 三种工艺方案节能减排综合指标计算结果

指标名称		半干法	半干法+干法	SNCR+半干法+干法
节能减排特征化指标	PED（kgce）	$8.75×10$	2.49	$1.75×10^3$
	IWU（kg）	$1.20×10^{-2}$	$1.50×10^{-2}$	$2.25×10^{-2}$
	CO_2（kg）	$5.02×10^{-2}$	$5.04×10^{-2}$	$8.75×10^{-2}$
	SO_2（kg）	$1.40×10^{-4}$	$1.34×10^{-4}$	$5.77×10^{-4}$
	COD（kg）	$4.01×10^{-5}$	$4.01×10^{-5}$	$5.02×10^{-5}$
	NH_3-N（kg）	$2.67×10^{-7}$	$2.80×10^{-7}$	$3.21×10^{-7}$
	NO_x（kg）	$2.46×10^{-3}$	$2.17×10^{-3}$	$1.45×10^{-3}$

续表

指标名称		半干法	半干法+干法	SNCR+半干法+干法
节能减排综合指标	PED	$2.96×10^{-11}$	$8.43×10^{-13}$	$5.93×10^{-10}$
	IWU	$8.28×10^{-17}$	$1.04×10^{-16}$	$1.56×10^{-16}$
	CO_2	$6.05×10^{-15}$	$6.08×10^{-15}$	$1.05×10^{-14}$
	SO_2	$6.43×10^{-15}$	$6.12×10^{-15}$	$2.64×10^{-14}$
	COD	$3.24×10^{-15}$	$3.24×10^{-15}$	$4.05×10^{-15}$
	NH_3-N	$2.31×10^{-16}$	$2.42×10^{-16}$	$2.78×10^{-16}$
	NO_x	$1.18×10^{-13}$	$1.04×10^{-13}$	$6.98×10^{-14}$
	ECER	$1.86×10^{-10}$	$5.62×10^{-12}$	$3.71×10^{-9}$

4.3.4 过程贡献分析

过程贡献分析的目的是找出生命周期影响的主要来源,即哪些过程对全生命周期环境影响有主要贡献,通常贡献越大,改进的余地也越大。

1. 生命周期特征化指标贡献分析

(1) 半干法烟气处理工艺系统

半干法烟气处理工艺系统全生命周期包含的过程有消石灰、活性炭、工业用水、电力、工业用气的生产过程,公路运输过程及烟气处理过程。

表 4-9 和图 4-9 是半干法烟气处理工艺系统全生命周期各过程对各类环境影响的贡献百分比和贡献度。可以看出,半干法烟气处理过程对 AP、EP 和 RI 的贡献最大,对其他指标基本没有影响;工业用气生产过程对 PED 贡献最大,对 ADP 的贡献也较大;工业用水生产过程对 ADP、GWP 的影响最大,对其他指标也有比较明显的影响;消石灰生产过程对 RI、GWP 有比较明显的影响;活性炭生产、电力生产与传输、公路运输过程对各类环境影响的贡献度较小。

表 4-9 半干法烟气处理各过程对各类环境影响的贡献度 (单位:%)

过程	ADP	AP	PED	EP	GWP	RI
消石灰	2.339	2.103	0.003	1.517	18.692	13.374
活性炭	0.234	0.091	0.000	0.077	0.311	0.094
工业用水	67.370	7.724	0.026	25.003	70.333	7.485

续表

过程	ADP	AP	PED	EP	GWP	RI
全国平均电网电力	0.273	0.342	0.001	0.114	2.526	0.548
工业用气	27.108	0.642	99.969	0.131	3.595	0.421
公路运输	2.676	2.311	0.001	2.088	4.543	2.391
烟气处理（半干法）	0.000	86.787	0.000	71.070	0.000	75.687

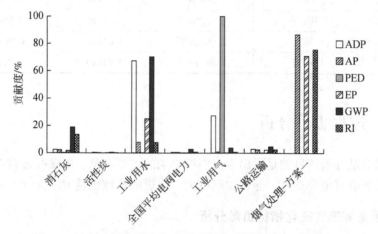

图 4-9　半干法烟气处理各过程对各类环境影响的贡献度对比

（2）半干法+干法烟气处理工艺系统

半干法+干法烟气处理工艺系统全生命周期包含的过程有消石灰、活性炭、工业用水、电力、工业用气的生产过程，公路运输过程及烟气处理过程。

表 4-10 和图 4-10 是半干法+干法烟气处理工艺系统全生命周期各过程对各类环境影响的贡献百分比和贡献度。可以看出，半干法+干法烟气处理过程对 AP、EP 和 RI 的贡献最大，对其他指标基本没有贡献；工业用气生产过程对 PED 贡献最大，对其他指标基本没有贡献；工业用水生产过程对 GWP、ADP 贡献最大，对 AP、EP 和 RI 也有比较大的影响；消石灰生产过程对 GWP、RI 有比较大的影响，对其他指标贡献度较小；活性炭、电力、公路运输过程对各类环境影响的贡献度较小。

表 4-10　半干法+干法烟气处理各过程对各类环境影响的贡献度

（单位：%）

过程	ADP	AP	PED	EP	GWP	RI
消石灰	3.610	2.930	0.103	1.914	21.292	16.673

过程	ADP	AP	PED	EP	GWP	RI
活性炭	0.316	0.111	0.017	0.085	0.310	0.103
工业用水	90.882	9.404	0.930	27.552	70.004	8.154
全国平均电网电力	0.552	0.625	0.037	0.188	3.771	0.895
工业用气	1.029	0.022	98.877	0.004	0.101	0.013
公路运输	3.610	2.814	0.036	2.301	4.522	2.605
烟气处理（半干法+干法）	0.000	84.093	0.000	67.956	0.000	71.558

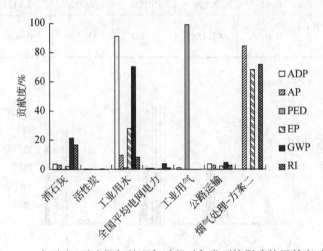

图 4-10　半干法+干法烟气处理各过程对各类环境影响的贡献度对比

（3）SNCR+半干法+干法烟气处理工艺系统

SNCR+半干法+干法烟气处理工艺系统全生命周期包含的过程有消石灰、活性炭、工业用水、电力、工业用气、氨水的生产过程，公路运输过程及烟气处理过程。

表 4-11 和图 4-11 是 SNCR+半干法+干法烟气处理工艺系统全生命周期各过程对各类环境影响的贡献百分比和贡献度的对比。可以看出，SNCR+半干法+干法烟气处理过程对 AP、EP 和 RI 的贡献最大，对其他指标基本没有影响；工业用气生产过程对 PED、ADP 和 GWP 贡献最大，对其他指标也有比较明显的影响；工业用水生产过程对 GWP、EP 的贡献比较显著，对其他指标也有比较明显的影响；消石灰生产过程对 RI、GWP 有比较明显的影响；活性炭、电力、氨水、公路运输过程对各类环境影响的贡献度非常小。

表 4-11 SNCR+半干法+干法烟气处理各过程对各类环境影响的贡献度

(单位:%)

过程	ADP	AP	PED	EP	GWP	RI
消石灰	0.435	3.019	0.000	2.518	12.313	19.377
活性炭	0.038	0.114	0.000	0.112	0.179	0.119
工业用水	10.941	9.689	0.000	36.254	40.485	9.476
全国平均电网电力	0.073	0.709	0.000	0.272	2.399	1.145
工业用气	88.049	16.118	99.998	3.790	41.387	10.658
氨水	0.030	0.294	0.000	0.321	0.621	0.252
公路运输	0.435	2.899	0.000	3.027	2.615	3.028
烟气处理（SNCR+半干法+干法）	0.000	67.158	0.000	53.706	0.000	55.944

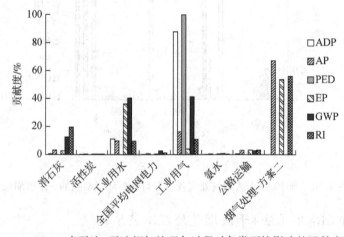

图 4-11 SNCR+半干法+干法烟气处理各过程对各类环境影响的贡献度对比

从上述综合分析可以得出，烟气处理全生命周期各过程中，烟气处理现场阶段，工业用水、工业用气、消石灰等原料的生产阶段是对环境影响贡献比较明显的 4 个环节，应作为今后烟气处理系统改进提升时重点关注的阶段，可从减少工业用水、工业用气、电力、消石灰使用量等方面研究改进。

2. 节能减排指标贡献分析

(1) 半干法烟气处理工艺系统

节能减排指标体系包括一次能源消耗，工业用水（industrial water use，

IWU)、CO_2、SO_2、NH_3-N 和 NO_x。半干法烟气处理系统全生命周期各过程对上述指标的贡献见表4-12和图4-12。可以看出，工业用气生产过程对PED的贡献最大，其他过程对PED基本无贡献；消石灰生产过程对IWU的贡献最大，其次是电力生产传输，第三是公路运输过程，活性炭生产过程对IWU贡献较小，其他过程对IWU基本没有贡献；工业用水生产过程对CO_2、SO_2和COD贡献最大，其次是消石灰生产过程，其他过程也有一定贡献；对NH_3-N贡献较大的过程有消石灰、工业用水生产过程和公路运输过程；对NO_x贡献最大的过程是半干法烟气处理过程，其他过程贡献较小。

表4-12　半干法烟气处理系统各过程对节能减排指标的贡献度　　　（单位:%）

过程	PED	IWU	CO_2	SO_2	COD	NH_3-N	NO_x
消石灰	0.003	44.611	19.042	7.551	7.482	30.452	1.899
活性炭	0.000	2.030	0.194	0.159	0.458	1.383	0.097
工业用水	0.026	0.000	70.357	75.446	80.014	29.282	2.981
全国平均电网电力	0.001	37.741	2.498	3.049	0.280	0.863	0.143
工业用气	99.969	0.000	3.625	7.632	1.237	0.000	0.139
公路运输	0.001	15.618	4.284	1.891	10.529	38.020	2.644
烟气处理–半干法	0.000	0.000	0.000	4.271	0.000	0.000	92.097

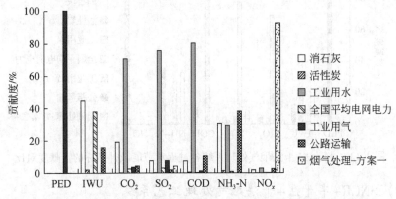

图 4-12　半干法烟气处理系统各过程对节能减排指标的贡献度对比

（2）半干法+干法烟气处理工艺系统

半干法+干法烟气处理工艺系统全生命周期各过程对节能减排指标的贡献度见表4-13和图4-13。可以看出，工业用气生产过程对PED的贡献最大，其他过程对PED基本无贡献；电力生产传输过程对IWU的贡献最大，其次是消石灰生产过程，第三是公路运输过程，活性炭生产过程对IWU贡献较小，其他过程对

IWU 基本没有贡献；工业用水生产过程对 CO_2、SO_2 和 COD 贡献最大，其次是消石灰生产过程，其他过程也有一定贡献；对 NH_3-N 贡献较大的过程有消石灰、工业用水生产过程和公路运输过程；对 NO_x 贡献最大的过程是半干法+干法烟气处理过程，其他过程贡献较小。

表4-13　半干法+干法烟气处理系统各过程对节能减排指标的贡献度　（单位:%）

过程	PED	IWU	CO_2	SO_2	COD	NH_3-N	NO_x
消石灰	0.103	40.742	21.689	9.078	8.561	33.245	2.469
活性炭	0.017	1.620	0.194	0.167	0.458	1.319	0.110
工业用水	0.930	0.000	70.023	79.252	79.999	27.933	3.386
全国平均电网电力	0.037	45.175	3.729	4.804	0.420	1.235	0.243
工业用气	98.877	0.000	0.101	0.226	0.035	0.000	0.004
公路运输	0.036	12.463	4.264	1.987	10.527	36.268	3.003
烟气处理–半干法+干法	0.000	0.000	0.000	4.487	0.000	0.000	90.784

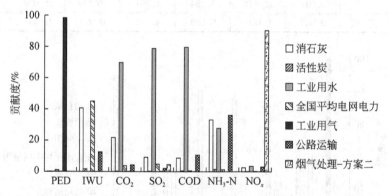

图4-13　半干法+干法烟气处理系统各过程对节能减排指标的贡献度对比

（3）SNCR+半干法+干法烟气处理工艺系统

SNCR+半干法+干法烟气处理工艺系统全生命周期各过程对节能减排指标的贡献度见表4-14和图4-14。可以看出，工业用气生产过程对 PED 的贡献最大，其他过程对 PED 基本无贡献；电力生产传输、氨水和消石灰生产过程对 IWU 贡献较大，公路运输过程对 IWU 也有一定贡献；工业用气和工业用水生产过程对 CO_2 贡献较大，消石灰生产过程对 CO_2 也有一定贡献；烟气处理过程和工业用气生产过程对 SO_2 贡献较大，其次是工业用水过程；对 COD 贡献最大的是工业用水生产过程，工业用气、消石灰生产过程和公路运输过程对 COD 也有明显贡献；

对 NH_3-N 贡献较大的是公路运输过程和消石灰、工业用水生产过程；对 NO_x 贡献最大的是烟气处理过程，其他过程贡献较小。

表 4-14 SNCR+半干法+干法烟气处理系统各过程对节能减排指标的贡献度

（单位:%）

过程	PED	IWU	CO_2	SO_2	COD	NH_3-N	NO_x
消石灰	0.000	27.091	12.502	2.103	6.844	28.953	3.686
活性炭	0.000	1.077	0.112	0.039	0.366	1.149	0.165
工业用水	0.001	0.000	40.363	18.360	63.947	24.326	5.056
全国平均电网电力	0.000	33.043	2.364	1.224	0.369	1.183	0.400
工业用气	99.998	0.000	41.594	37.143	19.772	0.000	4.730
氨水	0.000	30.502	0.607	0.134	0.288	12.804	0.071
公路运输	0.000	8.287	2.458	0.460	8.414	31.585	4.484
烟气处理-半干法+干法	0.000	0.000	0.000	40.537	0.000	0.000	81.409

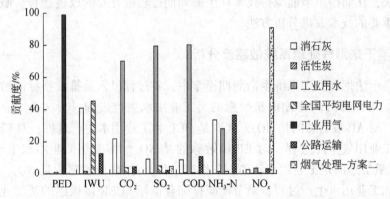

图 4-14 SNCR+半干法+干法烟气处理系统各过程对节能减排指标的贡献度对比

（4）节能减排综合指标贡献分析

三种烟气处理工艺方案全生命周期各过程对节能减排综合指标的贡献度见表 4-15，可以看出在三种烟气处理工艺方案中，工业用气生产过程对节能减排综合指标的贡献程度都是最大的。

表 4-15 三种方案各过程对节能减排综合指标的贡献度分析 （单位:%）

过程	半干法	半干法+干法	SNCR+半干法+干法
活性炭	0.000	0.016	0.000
氨水	0.000	0.000	0.000
工业用气	99.758	92.639	99.991

过程	半干法	半干法+干法	SNCR+半干法+干法
消石灰	0.006	0.237	0.000
全国平均电网电力	0.002	0.090	0.000
公路运输	0.012	0.428	0.001
工业用水	0.057	1.880	0.003
烟气处理	0.164	4.710	0.005

4.3.5 敏感度分析

敏感度分析的目的是分析生命周期模型中各项过程清单数据波动对结果的影响大小。敏感度越大，意味着当此项过程投入或排放数据变化时，LCA 结果指标变化最快，从而指出节能减排技术在生命周期过程最有效的改进途径。敏感度分析是最重要的技术改进分析方法。

1. 半干法烟气处理系统敏感度分析

在半干法烟气处理系统生命周期模型中，各过程投入及排放指标的敏感度见表 4-16。可以看出，对 ADP 最敏感的是工业用水生产过程，其次是工业用气生产过程；对 AP 最敏感的是 NO_x，其次是 HCL 和工业用水生产过程；对 PED 最敏感的是工业用气生产过程；对 EP 最敏感的是 NO_x，其次是工业用水生产过程；对 GWP 最敏感的是工业用水和消石灰生产过程；对 RI 最敏感的是 NO_x，其次是消石灰和工业用水生产过程；对节能减排综合指标 ECER 最敏感的是工业用气生产过程。因此，工业用水和工业用气生产过程在半干法烟气处理系统全生命周期中，是最有改进潜力的过程。

表 4-16 半干法烟气处理系统敏感度分析 （单位:%）

过程清单		ADP	AP	PED	EP	GWP	RI	ECER
过程投入	消石灰	2.339	2.103	0.003	1.517	18.691	13.374	0.011
	活性炭	0.234	0.091	0.000	0.077	0.311	0.094	0.001
	工业用水	67.370	7.724	0.026	25.003	70.333	7.485	0.057
	电力	0.273	0.342	0.001	0.114	2.526	0.548	0.002
	工业用气	27.108	0.642	99.969	0.131	3.595	0.421	99.758
	公路运输	2.676	2.311	0.001	2.088	4.543	2.391	0.007

续表

过程清单		ADP	AP	PED	EP	GWP	RI	ECER
排放数据	烟尘	0.000	0.000	0.000	0.000	0.000	0.000	0.000
	HCL	0.000	10.468	0.000	0.000	0.000	0.000	0.000
	SO_2	0.000	0.287	0.000	0.000	0.000	0.123	0.000
	NO_x	0.000	76.031	0.000	71.070	0.000	75.563	0.164
	CO	0.000	0.000	0.000	0.000	0.000	0.000	0.000
	汞	0.000	0.000	0.000	0.000	0.000	0.000	0.000
	铬	0.000	0.000	0.000	0.000	0.000	0.000	0.000
	铅	0.000	0.000	0.000	0.000	0.000	0.000	0.000

2. 半干法+干法烟气处理系统敏感度分析

在半干法+干法烟气处理系统生命周期模型中，各过程投入及排放指标的敏感度见表4-17。可以看出，对 ADP 最敏感的是工业用水生产过程；对 AP 最敏感的是 NO_x，其次是工业用水生产过程；对 PED 最敏感的是工业用气生产过程；对 EP 最敏感的是 NO_x，其次是工业用水生产过程；对 GWP 最敏感的是工业用水生产过程，其次是消石灰生产过程；对 RI 最敏感的是 NO_x，其次是消石灰、工业用水生产过程；对节能减排综合指标 ECER 最敏感的是工业用气生产过程。因此，工业用气生产过程和工业用水生产过程在半干法+干法烟气处理系统全生命周期中，是最有改进潜力的过程。

表 4-17　半干法+干法烟气处理系统敏感度分析　　　（单位:%）

过程清单		ADP	AP	PED	EP	GWP	RI	ECER
过程投入	消石灰	3.610	2.930	0.103	1.914	21.292	16.673	0.412
	活性炭	0.316	0.111	0.017	0.085	0.310	0.103	0.024
	工业用水	90.882	9.404	0.930	27.552	70.004	8.154	1.880
	电力	0.552	0.625	0.037	0.188	3.771	0.895	0.090
	工业用气	1.029	0.022	98.877	0.004	0.101	0.013	92.639
	公路运输	3.610	2.814	0.036	2.301	4.522	2.605	0.245

续表

过程清单		ADP	AP	PED	EP	GWP	RI	ECER
排放数据	烟尘	0.000	0.000	0.000	0.000	0.000	0.000	0.000
	HCL	0.000	3.417	0.000	0.000	0.000	0.000	0.000
	SO_2	0.000	0.350	0.000	0.000	0.000	0.134	0.014
	NO_x	0.000	80.326	0.000	67.956	0.000	71.424	4.696
	CO	0.000	0.000	0.000	0.000	0.000	0.000	0.000
	汞	0.000	0.000	0.000	0.000	0.000	0.000	0.000
	铬	0.000	0.000	0.000	0.000	0.000	0.000	0.000
	铅	0.000	0.000	0.000	0.000	0.000	0.000	0.000

3. SNCR+半干法+干法烟气处理系统敏感度分析

在 SNCR+半干法+干法烟气处理系统生命周期模型中，各过程投入及排放指标的敏感度见表 4-18。可以看出，对 ADP 最敏感的是工业用气生产过程，其次是工业用水生产过程；对 AP 最敏感的是 NO_x，其次是工业用气生产过程、SO_2 排放和工业用水生产过程；对 PED 最敏感的是工业用气生产过程；对 EP 最敏感的是 NO_x，其次是工业用水生产过程；对 GWP 最敏感的是工业用气和工业用水生产过程，其次是消石灰生产过程；对 RI 最敏感的是 NO_x，其次是消石灰、工业用气和工业用水生产过程；对节能减排综合指标 ECER 最敏感的是工业用气生产过程。因此，工业用气生产过程和工业用水生产过程在 SNCR+半干法+干法烟气处理系统全生命周期中，是最有改进潜力的过程。

表 4-18　SNCR+半干法+干法烟气处理系统敏感度分析　（单位：%）

过程清单		ADP	AP	PED	EP	GWP	RI	ECER
过程投入	消石灰	0.435	3.019	0.000	2.518	12.313	19.377	0.001
	活性炭	0.038	0.114	0.000	0.112	0.179	0.119	0.000
	工业用水	10.941	9.689	0.001	36.254	40.485	9.476	0.003
	电力	0.073	0.709	0.000	0.272	2.399	1.145	0.000
	工业用气	88.049	16.118	99.998	3.790	41.387	10.658	99.991
	氨水	0.030	0.294	0.000	0.321	0.621	0.252	0.000
	公路运输	0.435	2.899	0.000	3.027	2.615	3.028	0.000

过程清单		ADP	AP	PED	EP	GWP	RI	ECER
排放数据	烟尘	0.000	0.000	0.000	0.000	0.000	0.000	0.000
	HCL	0.000	3.394	0.000	0.000	0.000	0.000	0.000
	SO_2	0.000	14.058	0.000	0.000	0.000	6.062	0.001
	NO_x	0.000	49.706	0.000	53.706	0.000	49.856	0.004
	CO	0.000	0.000	0.000	0.000	0.000	0.027	0.000
	汞	0.000	0.000	0.000	0.000	0.000	0.000	0.000
	铬	0.000	0.000	0.000	0.000	0.000	0.000	0.000
	铅	0.000	0.000	0.000	0.000	0.000	0.000	0.000

4.3.6 综合对比分析

1. 技术、经济指标对比分析

半干法、半干法+干法、SNCR+半干法+干法三种烟气处理工艺技术目前都已有较多的实际应用，从技术成熟度方面来说，都已非常成熟、可靠。从大气污染物排放指标来看，差别主要体现在对 HCL 和 NO_x 的去除效果上。通过对三种方案进行比较可知，半干法去除效果最差，其次是半干法+干法，去除效果最好的是 SNCR+半干法+干法。从经济指标来看，半干法的建设和运行成本在三种方案中是最低的，其次是半干法+干法，经济成本最高的是 SNCR+半干法+干法。三种烟气处理工艺方案的技术、经济指标对比分析见表4-19。

表4-19 三种烟气处理工艺方案的技术、经济指标对比

指标		半干法	半干法+干法	SNCR+半干法+干法
技术性能	成熟度	高	高	高
	国内普及度	高	较高	较高
	复杂性	较高	高	高
污染物排放	烟尘（mg/Nm^3）	16.2	9.6	12.7
	HCL（mg/Nm^3）	41.4	11.1	10.7
	NO_x（mg/Nm^3）	378	328	197
	SO_2（mg/Nm^3）	1	1	39
	CO（mg/Nm^3）	0.1	0.1	13

指标		半干法	半干法+干法	SNCR+半干法+干法
经济成本	建设成本	中	较高	高
	运行成本	中	较高	高

2. 环境影响对比分析

采用特征化分析和节能减排综合指标分析方法，对三种烟气处理工艺技术进行了全生命周期环境影响评价，得到了三种烟气处理技术对各类环境类型的影响，按照高、中、低排序，见表4-20。

表4-20 三种烟气处理工艺技术的环境影响对比

环境影响类型	半干法	半干法+干法	SNCR+半干法+干法
AP	高	中	低
PED	中	低	高
GWP	中	中	高
EP	高	中	低
ADP	中	低	高
RI	高	中	低
ECER	中	低	高

3. 综合分析结果

从三种烟气处理工艺方案的技术、经济和环境影响分析结果来看，半干法+干法是最优方案。在半干法基础上增加干法脱酸，虽然经济成本会有一定程度增加，但可以提高烟气处理技术的可靠性，减少对环境的影响，同时在半干法反应塔检修时也可起到保障作用。

在半干法+干法基础上，增加SNCR脱硝系统，最明显的效果是减少烟气中NO_x的排放，从而减少对AP、RI和EP三种环境类型影响的贡献。但是SNCR+半干法+干法工艺方案对PED、ADP和GWP三种环境类型影响的贡献是3个方案中最大的，而且从节能减排综合指标来分析，也不是最优的方案。

因此，从我国目前垃圾焚烧厂烟气处理技术现状出发，在充分考虑我国国情和环境污染在不同生产阶段的转移问题后，本书推荐采用半干法+干法工艺技术。采用半干法+干法工艺技术，垃圾焚烧烟气污染物排放指标完全可以达到欧盟垃圾焚烧污染物排放标准 DIRECTIVE1992 标准，除NO_x排放指标外，基本上也可以达到欧盟垃圾焚烧污染物排放标准 DIRECTIVE2000 标准。从我国目前垃圾焚烧烟气处理技术的发展及应用情况来看，现行《生活垃圾焚烧污染控制标准》（GB18485—2001）要求明显偏低，建议国家在修订垃圾焚烧污染物排放标准时，可参考欧盟 1992 标准，部分指标可逐步向欧盟 2000 标准靠近。

4.4 小 结

生命周期节能减排评价，通过建立产品或技术的生命周期分析模型，可以应用于各种技术的节能减排评价，得出单一量化的指标和明确的结论。首先，该技术评价方法可以有效避免环境影响在不同生命周期阶段和环境影响类型之间的转移，达到了定量、客观地评价节能减排技术的效果。其次，该方法还可用于判断不同的技术推广应用路径下，是否能够达到国家或行业的节能减排控制目标，也可用于同类技术及不同类技术之间的比较。同时，该技术评价方法已具备相应的基础数据库与软件工具作为技术评价的支持，可以供各行业根据行业和技术特点选择使用。

第 5 章　成本效益分析评价方法及应用

5.1　方　法　概　述

　　成本效益分析评价方法是基本的节能减排技术评价方法。针对技术的环境外部性成本和效益的量化核算等问题，本书介绍了不同节能减排技术的成本、效益构成，衡量了节能减排技术评价效果，计算了同类技术的技术经济性，拓展了成本效益分析的应用范围，开发了科学、量化的节能减排技术成本效益评价方法（图 5-1）。

　　成本效益分析方法是衡量方案经济可行性最常用的、定量的、综合的分析方法，它原则上要求考虑备选方案的一切投入要素和产出要素，并把这些要素尽可能货币化，从而为该方案的价值或经济可行性做出评价。根据生产过程节能减排技术、资源能源回收利用技术和污染物治理技术的特点和指标体系，本章介绍了成本效益分析指标及其计算方法，并通过案例介绍成本效益综合评价的应用。

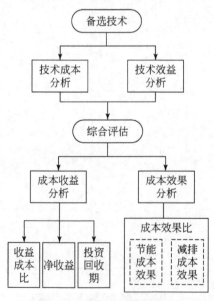

图 5-1　成本效益分析方法

5.2 成本效益分析方法

5.2.1 成本收益分析

成本收益分析（cost-benefits analysis，CBA）的基本做法是将各备选方案的成本和效益货币化，从而对备选方案进行成本收益上的评价和比较。具体评价指标包括以下几方面。

1）收益成本比（benefit-cost ratio，BCR），即收益与成本的比率（B/C），该比率代表每单位成本所带来的货币化收益。如果 B/C 大于1，则说明收益高于成本，方案是可行的。同时，不同方案之间也可以根据 B/C 的大小来判定其相对优劣程度。收益成本比仅能反映方案的收益是否大于成本，但不能显示方案整体的盈利规模。

2）净收益（net-benefits，NB），是收益总和的净现值与成本总和的净现值之差（$B-C$），其代表方案实施后获取的净利润。如果 $B-C$ 大于零，意味着该方案是可行的。不同方案之间也可根据 $B-C$ 的大小来判定相对优劣程度。净收益是衡量方案整体盈利规模方面最好的指标。

但是，对于运行周期为多年的方案，不同年份的资金价值会有不同，因此在计算其成本与收益的净现值时，需要进行贴现。贴现率（i）是将未来资金折为现值所采用的利率。选择不同的贴现率会对成本收益比和净收益的结果产生一定影响。

3）内部收益率（internal rate of return，IRR），是使净收益为零的贴现率，如果 IRR 比通行的贴现率高，则该方案可行。不同方案之间也可根据 IRR 的大小来判定相对优劣程度。内部收益率的计算虽然不受贴现率的影响，但是它也不能反映方案的整体盈利规模，同时内部收益率的解不止一个。

4）投资回收期（payback period，PP），是累计的经济效益等于最初的投资费用所需的时间，其反映了资本的周转速度。PP 越小，说明收回投资需要的年限越短，方案的风险也越小。根据贴现率的引入与否，投资回收期又可分为静态投资回收期和动态投资回收期。

上述各项指标各有优劣，在实际的成本收益分析中，往往需要综合选取多个指标，从不同侧面反映方案的成本收益情况，从而得出更加全面的科学的结论。

5.2.2　成本效果分析

成本效果分析（cost-effectiveness analysis，CEA），是在无须或者无法货币化定量效益的情况下，通过计算获得单位效果所发生的成本来对备选方案进行评价和比较的一种分析方法。其评价指标主要是成本效果比（cost-effectiveness ratio，CER），即成本与效果的比率（C/E），其代表每单位效果所需要的成本。CER 越小，方案的可行性越大。

成本效果分析通过对不同备选方案的成本效果比的大小排序，从中可以选择出成本与效果比最好的方案，但却不能判断该方案是否具有绝对的可行性（即能否获得直接货币收益），因此成本效果分析需要与成本收益分析相结合。

5.2.3　生产过程节能减排技术成本效益分析

1. 技术的成本构成

根据技术的投入要素，可将技术的成本构成分为投资成本、运行成本、管理维护成本和环境成本四部分。

（1）投资成本

技术的初始投资成本（C^t）主要包括设备购置费用、设备安装费用、工程建设费用及其他在初始投资过程中发生的相关费用。在进行成本效益分析时，往往需要将技术的初始投资成本折算为年度投资成本（$C^t_{i均}$）。最简单的折算方法是将初始投资成本（C^t）在技术设备的使用寿命（n 年）内均摊，即 $C^t_{i均} = C^t_i/n$。但是，这种方法忽略了资金的时间价值，严格意义上的年度投资成本应该用年均化系数来分摊初始投资成本，具体公式如下：

$$C^t_{i均} = C^t_i \times \frac{r(1+r)^n}{(1+r)^n - 1} \tag{5-1}$$

式中，r 为利率；n 为技术设备的使用寿命。

（2）运行成本

技术的运行成本（C^o）主要指技术运行过程中需要的原辅料资源消耗成本、能源消耗成本等。具体公式如下：

$$C^o_i = \sum (X_{ij} \times P^x_j) + \sum (Y_{ij} \times P^y_j) \tag{5-2}$$

式中，X_{ij} 为技术 i 在运行一定生产周期（年）内对资源 j 的消耗量；P_j^x 为资源 j 的市场价格；Y_{ij} 为技术 i 在运行一定生产周期（年）内对能源 j 的消耗量；P_j^y 为能源 j 的市场价格。

（3）管理维护成本

技术的管理维护成本（C^m）主要包括人工费用、设备维护检修中发生的相关费用等。具体公式如下：

$$C_i^m = N_i^L \times P^L + C_i^W \qquad (5-3)$$

式中，N_i^L 为技术 i 投入运行所需要的工人数量；P^L 为工人一年的平均工资；C_i^W 为技术 i 年度维护费用。

管理维护成本相对固定，在实际数据难获得的情况下，也可用初始投资按一定比例估算。

（4）环境成本

环境成本（C^e）主要是针对生产过程节能减排技术和资源能源回收利用技术而言，是技术应用过程中所产生的污染物排放所带来的环境管理或污染治理成本。相比于投资成本和运行成本，其数额相对较小，一般没有纳入到技术的经济评价和企业的财务核算当中，但是从节能减排的角度出发，这部分成本不容忽略。环境成本可以用以下两种方法来计算。

1）一种是排污成本，即技术运行过程中产生的污染物超标排放，所对应交纳的排污费用（2018 年 1 月 1 日后为环境税）。这主要针对较为清洁的技术。其计算公式如下：

$$C_i^e = \mu \times \sum (E_{ij}/\partial_j) \qquad (5-4)$$

式中，E_{ij} 为技术 i 在运行一定生产周期（年）内所排放的污染物 j 的量；∂_j 为污染物 j 的污染当量值。

2）另一种是治理成本，即技术运行过程中产生的污染物进行达标处理所发生的最低治理费用。其计算公式如下：

$$C_i^e = \sum (E_{ij} - E_j^e) \times P_j^e \qquad (5-5)$$

式中，E_j^e 为污染物 j 的排放标准；P_j^e 为污染物 j 的最低削减成本（引用污染物治理技术的成本效益分析结果）。

2. 技术效益构成

根据技术在节能减排方面发挥的作用，可将技术的效益分为产品收益、节能效益和减排效益三部分。

（1）产品收益

生产过程节能减排技术的产品收益反映的是应用该技术生产的产品为企业带来的收益。其计算公式如下：

$$B_i^q = \sum Q_{ij} \times P_j^q \tag{5-6}$$

式中，Q_{ij} 为技术 i 在应用一定时间内（年），生产的产品 j 产量；P_j^q 为产品 j 的市场价格。

（2）节能效益

生产过程节能减排技术的节能效益是一个相对概念，需要进行技术的两两比较或对比应用该技术前后的效果才能得到。技术两两比较时的节能效益可用下式表示：

$$S_{(i_2 \to i_1)}^N = \frac{\sum (Y_{i_1 j} \times \varphi_j)}{Q_{i_1}} - \frac{\sum (Y_{i_2 j} \times \varphi_j)}{Q_{i_2}} \tag{5-7}$$

式中，$S_{(i_2 \to i_1)}^N$ 为技术 i_2 相对于技术 i_1 的节能量；$Y_{i_1 j}$ 为技术 i_1 在一定生产周期（年）内所消耗的能源 j 的量；$Y_{i_2 j}$ 为技术 i_2 在一定生产周期（年）内所消耗的能源 j 的量；φ_j 为能源 j 的折标煤系数；Q_{i_1} 为技术 i_1 在一定生产周期（年）内的技术产出①；Q_{i_2} 为技术 i_2 在一定生产周期（年）内的技术产出。

如果为单一技术时，那么节能效益可用下式表示：

$$B_i^s = \sum S_{ij} \times P_j^s \tag{5-8}$$

式中，B_i^s 为技术 i 在应用一定时间内的节省收益；S_{ij} 为技术 i 在应用一定时间内（年），节省能源 j 的量；P_j^s 为投入品 j 的市场价格。

（3）减排效益

生产过程节能减排技术的减排效益也是一个相对概念，需要进行技术间的两两比较才能获得，公式如下：

$$D_{(i_2 \to i_1)} = \frac{\sum E_{i_1 j}}{Q_{i_1} \times \partial_j} - \frac{\sum E_{i_2 j}}{Q_{i_2} \times \partial_j} \tag{5-9}$$

式中，$D_{(i_2 \to i_1)}$ 为技术 i_2 相对于技术 i_1 的减排效益；$E_{i_1 j}$ 为技术 i_1 在一定生产周期（年）内所产生的污染物 j 的量；$E_{i_2 j}$ 为技术 i_2 在一定生产周期（年）内所产生的污

---

① 生产过程节能减排技术的技术产出是指该技术完成的主要生产指标，如气化技术的技术产出为合成气年产量；净化技术的技术产出为年净化合成气的量；甲醇合成技术的技术产出为粗甲醇年产量。在各工段生产过程技术的具体生产指标难以获得的情况下，其技术产出可以统一为最终产品的年产量。

染物 j 的量; ∂_j 为污染物 j 的污染当量值; Q_{i_1} 为技术 i_1 在一定生产周期(年) 内的技术产出; Q_{i_2} 为技术 i_2 在一定生产周期(年) 内的技术产出。

单一技术 (生产工艺改进等) 的减排效益一般为间接产生, 如减少能源煤的消耗, 可间接带来二氧化硫等污染物的减排, 这部分效益可通过产排污系数进行折算。如可通过以下公式计算:

$$D_i = \sum \sum S_{ij} \times (\beta_{jk}/\partial_k) \qquad (5\text{-}10)$$

式中, S_{ij} 为技术 i 在应用一定时间内(年), 节省投入品 j 的量; β_{jk} 为投入品 j 对污染物 k 的产生系数; ∂_k 为污染物 k 的污染当量值。

通过引入排污收费系数或污染治理成本 (这里取排污收费系数), 可将技术的减排效益货币化为减排收益。其计算公式如下:

$$B_i^d = D_i \times \mu \qquad (5\text{-}11)$$

式中, D_i 为技术 i 的年度减排量; μ 为排污收费系数。

3. 综合评价

生产过程节能减排技术既可以采用成本收益分析, 也可以采用成本效果分析。涉及的指标包括:

(1) 成本收益分析

技术收益/技术成本 (B/C): 技术的收益成本比反映了每单位技术成本所带来的货币化收益。B/C 大于1, 说明技术具有经济可行性, B/C 越大, 技术的经济效益越好。其计算公式如下:

$$(B/C)_i = (B_i^s + B_i^d + B_i^q)/(C_{i均}^t + C_i^o + C_i^m + C_i^e) \qquad (5\text{-}12)$$

式中, B_i^s 为技术 i 的年度节能收益; B_i^d 为技术 i 的年度减排收益; B_i^q 为技术 i 的年度副产品收益; $C_{i均}^t$ 为技术 i 的年度投资成本; C_i^o 为技术 i 的年度运行成本; C_i^m 为技术 i 的年度管理维护成本; C_i^e 为技术 i 的年度环境成本。

净收益 (NB): 反映技术实施后所获取的净利润。NB 大于零, 说明该技术具有经济可行性, NB 越大, 技术的经济效益越好。其计算公式如下:

$$\mathrm{NB}_i = (B_i^s + B_i^d + B_i^q) - (C_i^t + C_i^o + C_i^m + C_i^e) \qquad (5\text{-}13)$$

投资回收期 (PP): 衡量技术在投入后获得回报的时间期限。一般来说, 技术的投资回收期越短, 说明该技术的经济风险越小, 经济可行性越好。本书的投资回收期采用不考虑建设周期的静态投资回收期计算方法, 其计算公式如下:

$$\mathrm{PP}_i = C_i^t/(\mathrm{NB}_i + C_{i均}^t) \qquad (5\text{-}14)$$

式中, C_i^t 为技术 i 的总投资额度; NB_i 为技术 i 的净收益; $C_{i均}^t$ 为技术 i 的年度投资成本 (年度折旧费用)。

（2）成本效果分析

技术成本/技术产出（C/Q）：技术本身的成本效果比反映了技术单位产出的生产成本，该指标可用于比较技术间的经济效益。C/Q 越大的技术，其经济效益越差。具体计算公式如下：

$$(C/Q)_i = (C_{i均}^t + C_i^o + C_i^m + C_i^e)/Q_i \tag{5-15}$$

式中，$C_{i均}^t C_i^t$ 为技术 i 的年度投资成本；C_i^o 为技术 i 的年度运行成本；C_i^m 为技术 i 的年度管理维护成本；C_i^e 为技术 i 的年度环境成本；Q_i 为技术 i 的年度总产出。

C/Q 仅仅代表了技术的经济效益，并不能反映技术间在节能减排方面的成本效益和相对优劣程度。要从节能减排角度为生产过程技术提供完整的成本效益评价，还需引入以下两项指标。

节能成本/节能效益（C^S/S^N）：技术节能方面的成本效果比反映了技术节约单元能源所付出的成本，可用于评价技术在节能方面的经济可行性。C^S/S^N 越大，技术在节能方面的经济可行性越差。该指标需要在两两技术间进行比较才能获得。具体计算公式如下：

$$(C^S/S^N)_{(i_2 \to i_1)} = [(C/Q)_{i_1} - (C/Q)_{i_2}]/S^N_{(i_2 \to i_1)} \tag{5-16}$$

式中，$(C/Q)_{i_1}$ 为技术 i_1 的成本产出比；$(C/Q)_{i_2}$ 为技术 i_2 的成本产出比；$S^N_{(i_2 \to i_1)}$ 为技术 i_2 相对于技术 i_1 的节能量。

在对多个生产过程技术在节能方面进行成本效益评价时，可以将耗能最高的那项技术作为基准，其他技术均与之进行比较，得出相对的节能成本和节能效益。

减排成本/减排效益（C^d/D）：技术减排方面的成本效果比反映了技术削减单位污染物所付出的成本，可用于评价技术在减排方面的经济可行性。C^d/D 越大，技术在减排方面的经济可行性越差。该指标同样需要在两两技术间进行比较才能获得。具体计算公式如下：

$$(C^d/D)_{(i_2 \to i_1)} = [(C/Q)_{i_1} - (C/Q)_{i_2}]/D_{(i_2 \to i_1)} \tag{5-17}$$

式中，$(C/Q)_{i_1}$ 为技术 i_1 的成本产出比；$(C/Q)_{i_2}$ 为技术 i_2 的成本产出比；$D_{(i_2 \to i_1)}$ 为技术 i_2 相对于技术 i_1 的减排效益。

在对多个生产技术作减排方面的成本效益评价时，可以将污染排放最高的那项技术作为基准，其他技术均与之进行比较，得出相对的减排成本和减排效益。

5.2.4 资源能源综合利用技术的成本效益分析

1. 技术的成本构成

资源能源综合利用技术的成本可分为固定资产投资、运行费用、管理维护费用、环境成本四部分，具体计算可参照 5.2.3 小节有关生产过程节能减排技术的成本构成。

2. 技术的效益构成

资源能源综合利用技术的效益既可能同时包括节省效益、减排效益和副产品收益，也可能只包括其中的一种，具体视技术的特点而定。

（1）节省效益

资源能源综合利用技术的节省效益是一个绝对概念，其反映了技术本身对企业带来的节省效益。例如，当综合利用技术生成的资源或能源直接回用于企业的生产过程时，这相当于替代了一部分初始的资源或能源，这部分节省下来的资源或能源的量即为该技术的节省效益。可以根据市场价格将节省效益货币化为收益。具体公式如下：

$$B_i^s = \sum S_{ij} \times P_j^s \qquad (5\text{-}18)$$

式中，B_i^s 为技术 i 在应用一定时间内的节省收益；S_{ij} 为技术 i 在应用一定时间内（年），节省投入品 j 的量；P_j^s 为投入品 j 的市场价格。

（2）减排收益

资源能源综合利用技术的减排效益一般为间接产生，如减少能源煤的消耗，可间接带来二氧化硫等污染物的减排，这部分效益可通过产排污系数进行折算。具体公式如下：

$$D_i = \sum \sum S_{ij} \times \beta_{jk} / \partial_k \qquad (5\text{-}19)$$

式中，S_{ij} 为技术 i 在应用一定时间内（年），节省投入品 j 的量；β_{jk} 为投入品 j 对污染物 k 的产生系数；∂_k 为污染物 k 的污染当量值。

通过引入排污收费系数或污染治理成本（这里取排污收费系数），可将技术的减排效益货币化为减排收益。其计算公式如下：

$$B_i^d = D_i \times \mu \qquad (5\text{-}20)$$

式中，B_i^d 为技术 i 的年度减排收益；D_i 为技术 i 的年度减排量；μ 为排污收费系数。

（3）副产品收益

副产品收益主要来自资源能源综合利用技术。副产品收益是一个绝对概念，其反映了技术本身为企业带来的收益。其计算公式如下：

$$B_i^q = \sum Q_{ij} \times P_j^q \tag{5-21}$$

式中，B_i^q 为技术 i 的年度副产品收益；Q_{ij} 为技术 i 在应用一定时间内(年)，产生的副产品 j 的产量；P_j^q 为副产品 j 的市场价格。

3. 综合评价

一般来说，资源能源综合利用技术会为企业带来节能、节水、节材、增收副产品等直接的可量化的经济效益。因此，对该类技术的成本效益评价时可采用成本收益分析方法，指标包括技术收益/技术成本（B/C）、净收益（NB）和投资回收期（PP），计算方法详见5.2.3小节。

5.2.5 污染物治理技术成本效益分析

1. 技术的成本构成

污染物治理技术成本可分为固定资产投资、运行费用、管理维护费用三部分，具体计算可参照5.2.3小节有关生产过程节能减排技术成本构成。

2. 技术的效益构成

污染治理技术的减排效益是一个绝对概念，其反映了技术本身为企业带来的污染减排效果。水污染和大气污染治理技术的减排效益的计算公式如下：

$$D_i = n_i \times G_i \times \sum (g_{ij}^{in} - g_{ij}^{out})/\partial_j \tag{5-22}$$

式中，n_i 为污染治理技术 i 的年运行时间；g_{ij}^{in} 为经污染治理技术 i 处理的污染物 j 的进口浓度；g_{ij}^{out} 为经污染治理技术 i 处理的污染物 j 的出口浓度；∂_j 为污染物 j 的污染当量值；G_i 为污染治理技术 i 的处理规模。

固废末端治理技术的减排效益可直接通过处置的废物按质量加和求得。

3. 综合评价

污染治理技术可同时采用成本效果分析方法和成本效益分析方法。其中，成本效果分析方法主要分析削减单位污染物所付出的成本，涉及的指标为：

技术成本/减排量（C/D）：技术的成本效果比反映了技术削减单位污染物所付出的成本。C/D 越小，技术的经济可行性越好。其计算公式如下：

$$(C/D)_i = (C_{i投}^t + C_i^o + C_i^m)/D_i \tag{5-23}$$

式中，$C_{i投}^t$ 为技术 i 的年度投资成本；C_i^o 为技术 i 的年度运行成本；C_i^m 为技术 i 的年度管理维护成本；D_i 为技术 i 的减排效益。

污染治理技术并不为企业带来直接的经济收益，但是通过污染物减排，可使企业避免交纳相应的排污费用。这部分避免交纳的排污费用可视为污染治理技术的收益。因此，通过引入排污收费系数，可对污染治理技术进行成本收益分析，从而判断在一定的环境管理制度下，哪些技术具有绝对的经济可行性。成本收益分析的指标包括：

减排收益/技术成本（B/C）：技术的收益成本比反映了每单位技术成本所带来的减排收益。B/C大于1，说明技术具有经济可行性。B/C越大，技术的经济效益越好。其计算公式如下：

$$(B/C)_i = B_i^d / (C_{i投}^t + C_i^o + C_i^m) \tag{5-24}$$

式中，B_i^d为技术i的年度减排收益；$C_{i投}^t$为技术i的年度投资成本；C_i^o为技术i的年度运行成本；C_i^m为技术i的年度管理维护成本。

5.2.6 成本效益软件工具

成本效益分析是比较常用的技术经济性分析方法，为简化评价过程，方便技术评价计算，清华大学开发了成本效益评价软件工具。

通过系统分析节能减排技术不同技术类型关注的成本和效益指标，设计开发了三类技术对应的成本效益分析方法软件计算界面，通过输入相应的技术经济指标，即可得到技术的成本效益评价结果。本书开发的软件界面如图 5-2 和图 5-3所示。

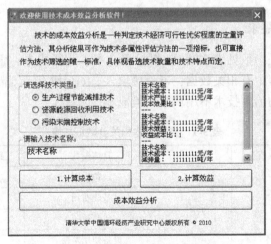

图 5-2　成本效益分析软件界面

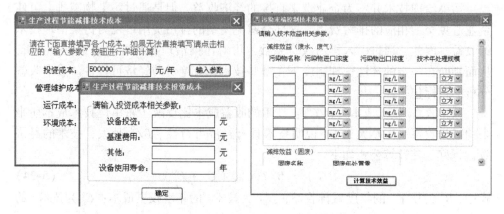

图 5-3　技术成本效益参数输入界面

成本相关数据包括了投资成本、运行成本、管理维护成本和环境成本 4 个部分。效益相关数据包含了节能效益、减排效益和副产品收益 3 个部分。不同技术的效益考量有不同的侧重。其中生产技术关注节能效益和减排效益；综合利用技术关注技术带来货币化收益，对节省、减排和副产品的收益均需考虑在内；污染治理技术主要关注减排效益。

根据技术类型，选择生产过程节能减排技术、资源能源回收利用技术、污染物治理技术，输入对应的指标及调研数据，即可计算相应的技术成本和技术效益，最终计算得到技术的成本效益综合评价结果。技术经济数据需求包括以下几方面。

1. 成本数据需求

技术成本相关参数见表 5-1。如果投资成本、运行成本、管理维护成本和环境成本在调研过程中有相关数据，可直接填入。如果没有，则需要收集具体参数进行计算。污染物治理技术不用填写环境成本。

表 5-1　技术成本相关参数汇总表

成本类型	数值	单位	具体参数	数值	单位
投资成本		元/年	设备投资		元
			基建费用		元
			其他		元
			设备使用寿命		年

续表

成本类型	数值	单位	具体参数		数值	单位
运行成本		元/年	原辅料名称		年消耗量	价格
			原料	A		
				B		
				……		
			辅料	A		
				……		
			能源	A		
				……		
管理维护成本		元/年	工人数量			人
			工人年平均工资			元/（年·人）
			年均维护费用			元/年
环境成本		元/年	污染物名称		年产生量	污染当量值
			……			

2. 效益数据需求

生产过程节能减排技术效益相关数据表见表 5-2；资源能源回收与利用技术效益相关数据表见表 5-3；污染物治理技术效益相关数据表见表 5-4。

表 5-2　生产过程节能减排技术效益相关数据表

技术产出	产出量/年	价格
产出 A（产品或产值）		
……		
技术产值（合计）	（万元）	

表 5-3　资源能源回收与利用技术效益相关数据表

效益类型	具体参数（名称）	数量	价格
节省收益	节省的投入品 A		
	节省的投入品 B		
	……		

续表

效益类型	具体参数（名称）	数量	价格
副产品收益	副产品 A		
	副产品 B		
	……		

表 5-4　污染物治理技术效益相关数据表

效益类型	具体参数（名称）	进口浓度	出口浓度	年处理规模
减排效益（废水、废气）	污染物 A			
	污染物 B			
	……			

效益类型	具体参数（名称）	年处理量
减排效益（固废）	固废 A	
	……	

5.3　评价方法应用案例

5.3.1　钢铁行业焦化工序煤调湿技术的成本效益分析

以钢铁行业焦化工序煤调湿技术为例，对采用该技术前后带来的焦炭生产过程节能减排效果进行成本效益分析评价。

1. 技术指标收集

以年生产能力 120 万 t 焦炭，采用 1 套 210t/h 煤调湿装置为例。炼焦煤料初始水分含量为 10%，经煤调湿后，装炉煤水分下降至 6%。表 5-5 为该技术生产过程收集到的经济指标。

表 5-5　煤调湿技术经济指标

序号	指标名称	单位	数值
1	建设总投资	万元	9850
2	其中设备投资	万元	4800
3	设备使用寿命	年	20

序号	指标名称	单位	数值
4	设备年运行时间	h/a	8000
5	运行管理维护费用	万元/a	3790
6	炼焦热耗降低	MJ/t	45~60（炼焦煤水分每下降1%）
7	焦炉生产能力提高	%	4~10
8	多配弱黏结性煤	%	8~10
9	减排蒸氨废水	kg/t焦	30~40
10	减少蒸氨蒸汽	kg/t焦	6~8

2. 成本核算

（1）投资成本

按照设备使用寿命20年，利率6%计算，则年度投资成本为$9850 \times [6\% \times (1+6\%)^{20}] / [(1+6\%)^{20}-1] = 590$万元

（2）运行管理维护费用

采用煤调湿技术每年增加动力费、人工费、管理费等各项费用合计3200万元。

（3）环境成本

采用煤调湿技术后降低了炼焦热耗，减少了蒸氨废水排放，改善了环境条件。煤调湿技术带来的环境影响如下：①煤料水分降低，使得炭化室荒煤气夹带物增加，粗焦油渣量增加2~3倍，需设置三项超级离心机分离以保证焦油质量；②炭化室炉墙和上升管结石墨有所增加，因此需设置除石墨设施；③输送粉尘有所增加。这三部分费用在调研中已计入设备投资和运行管理维护费用中，因此这里不单独进行计算。

3. 效益核算

焦炭生产能力提高按8%计算，提高焦炭质量降低焦比年收益为4060万元。

多配弱黏结性煤按8%替代优质焦煤，两种煤的差价为50元/t计算，则每年可节约配合煤成本为$210 \times 8000 \times 8\% \times 50/10\ 000 = 672$万元。

（1）节能收益

按水分每下降1%，吨焦热耗降低50MJ计算（29 308kJ＝1kgce），则可节省120×10 000×50×1000×（10-6）/29 308＝8188tce。根据文献测算，平均每吨入炉煤可减少约35.8kg的CO_2排放量。则每年共可减少CO_2排放：210×8000×35.8/1000＝60 144t。

（2）减排效益

配合煤水分从10%降至6%，可减少废水排放：210×8000×（10%-6%）＝67 200t。

按每吨废水生化处理费用10.4元/t计算，则每年可节约废水处理费用：
10.4×6.72×10^4≈70万元。

年平均经济效益为4060+672+70＝4802万元。

4. 综合成本效益分析

1）技术成本/技术产出：（590+3200）/（4060+672+70）＝3790/4802≈0.79。从结果可以看出，该技术的成本效果比较小，且小于1，技术可行。

2）净收益：（4060+672+70）-（590+3200）＝4802-3790＝1012万元。由结果可知，该技术具有可行性，经济效益较好。

3）投资回收期：9850/（1012+590）＝9850/1602≈6.15年。

4）单位节能成本：（590+3200）/8188＝4629元/tce，每节约1tce需要投入4629元。

5）废水减排成本：（减排成本/减排收益）＝（590+3200）/67 200＝564元/t废水，每减排1t废水需要投入564元。

6）CO_2减排成本：当CO_2年减排量为60144t时，（590+3200）/60 144≈630元/tCO_2，每吨CO_2减排成本为630元。

5.3.2 轻工制革废毛及废渣制备工业用蛋白材料技术的成本效益分析

以轻工制革行业制革废毛及废渣制备工业用蛋白材料技术为例，说明资源能源回收利用技术成本效益分析评价的计算。

1. 技术指标收集

以年产600万t废毛、废渣制备工业用蛋白材料为例。表5-6为企业调研及文献调研收集的该技术的经济指标。

表 5-6　制革废毛及废渣制备工业用蛋白材料技术经济指标

序号	名称	单位	数值
1	初始投资	万元	500
2	其中设备投资	万元	
3	设备使用寿命	年	20
4	设备年运行时间	h/a	
5	运行管理维护费用	万元/年	120
6	废毛废渣回收利用率	%	95
7	减排废毛废渣	t	600
8	生产蛋白填料	t	175
9	蛋白价格	元/t	10 000 ~ 20 000

2. 成本核算

（1）投资成本

按照设备使用寿命 20 年，利率 6% 计算，年度投资成本为：500× ［6%× （1 +6% ）^{20}］ ／ ［ （1+6% ）^{20}−1 ］ =29 万元

（2）运行管理维护成本

采用该技术每年原料费、人工费、管理费、设备维护费等各项费用合计 120 万元。

3. 效益核算

（1）副产品收益

蛋白填料售价按 12 000 元/t 计算，则年产生经济效益为 12 000×175/10 000 =210 万元。

（2）减排效益

应用此技术，每年可减少废毛、废渣排放 600 万 t，传统生产一般就是直接

扔弃或填埋,造成污染。制革固废中的含铬废料属于危险废物,按照危险废物处理费用每次每吨1000元计算,则共需:600×1000＝60万元。

4. 综合成本效益分析

1)技术收益/技术成本:(210+60)/(29+120)＝270/149＝1.81。从结果可以看出,该技术的收益成本比大于1,说明技术具有经济可行性。

2)净收益:(210+60)－(29+120)＝270－149＝121万元。由结果可知,该技术具有可行性,经济效益较好。

3)投资回收期:总投资/(净收益+年度投资费用)＝500/(121+29)＝500/150≈3.33年。

5.3.3 钢铁行业焦化废水处理技术的成本效益分析

以钢铁行业焦化废水处理技术为例,选取A/O技术和MBR技术开展成本效益评价。

1. 技术指标收集

通过技术调研,收集到两种废水处理技术的处理效果及成本,见表5-7。

表5-7 两种技术的处理效果及成本数据

指标数据	A/O 法		MBR 法	
污染物	进水浓度	出水浓度	进水浓度	出水浓度
挥发酚/(mg/L)	600	0.5	1000	0.5
氰化物/(mg/L)	50	0.5	350	0.5
氨氮/(mg/L)	200	25	200	10
油/(mg/L)	250	10	100	2
COD/(mg/L)	4500	150	2500	225
SS/(mg/L)	500	150	500	5
处理规模/(m³/h)	65		21	
投资成本/万元	1000		980	
运行成本/(元/m³)	3.2		2.744	
设备使用寿命/年	15		15	
设备年运行时间/h	8000		8000	

焦化废水中主要污染物的污染当量值、排污收费系数见表 5-8。

表 5-8　其他相关数据收集

污染物	污染当量值/kg	排污收费系数
挥发酚	0.08	
氰化物	0.05	
氨氮	0.8	0.7
油	0.1	（元/单位污染当量数）
COD	1	
SS	4	

2. 成本核算

由于直接收集到了处理单位废水的运行成本（本书的运行成本包括了原辅料能源成本和管理维护成本），因此技术成本的计算就相对简化了。对于初始投资的年度分摊，采用平均折旧法，算得了两类技术的各项成本，见表 5-9。

表 5-9　废水处理技术成本核算

成本项	A/O 技术	MBR 技术
年度投资成本/（元/a）	666 666.7	653 333.3
年度运行成本/（元/a）	1 664 000	460 992
技术总成本/（元/a）	2 330 667	1 114 325

3. 减排效益核算

污染治理技术的减排效益的计算公式如下：

$$D_i = n_i \times G_i \times \sum (g_{ij}^{in} - g_{ij}^{out})/\partial_j \tag{5-25}$$

式中，n_i 为污染治理技术 i 的年运行时间；g_{ij}^{in} 为经污染治理技术 i 处理的污染物 j 的进口浓度；g_{ij}^{out} 为经污染治理技术 i 处理的污染物 j 的出口浓度；∂_j 为污染物 j 的污染当量值；G_i 为污染治理技术 i 的处理规模。

采用避免交纳排污费的方法计算技术的减排收益，计算公式如下：

$$B_i^d = D_i \times \mu \tag{5-26}$$

式中，D_i 为技术 i 的年度减排量；μ 为排污收费系数。

结合上述数据，分别算得两种技术的年减排量和减排收益，见表 5-10。

表 5-10　A/O 技术和 MBR 技术的年减排量和减排收益

效益项	A/O 技术	MBR 技术
年减排量（污染当量数）	8 080 800	3 880 800
减排收益/（元/a）	5 184 725	2 558 829

4. 成本效益综合评价

采用技术的成本效果分析和成本收益分析方法，得到各项评价指标，见表 5-11。

表 5-11　各项评价指标

评价指标	A/O 技术	MBR 技术
技术成本/减排量（元/每污染当量）	0.288	0.287
减排收益/技术成本	2.22	2.30
投资回收期（年）	2.84	4.67

5. 结论分析

通过上述核算，可以看出 MBR 技术在单位污染物削减成本和减排的收益成本比方面均优于 A/O 技术，但是其投资回收期比 A/O 技术长。如何从两类技术中进行取舍，还需要结合技术其他方面的特征进行综合评价。总的来说，两类技术均表现出较好的经济可行性，值得在行业内进行推广。

5.4　小　　结

本章通过系统分析节能减排技术不同技术类型关注的成本和效益指标，开发了三类技术对应的成本效益分析方法，拓展了成本效益分析在节能减排领域的应用，并设计开发了成本效益分析评价软件，供各行业根据技术特点选择使用。

节能减排技术成本效益分析从环境、经济、社会综合成本效益角度对传统成本效益分析进行了拓展，是今后行业节能减排技术定量评价的有力工具。在多个行业中的实际应用表明，成本效益分析是有效的技术评价方法之一，可对技术经济性作出判断，对于技术的节能或减排成本效益也可以给出定量参考数据。

第6章 专家辅助综合评价方法及应用

6.1 方 法 概 述

在节能减排技术评价过程中，通常需要对大量同类技术进行快速选择和判断，同时可兼顾定性指标和定量指标进行综合评价。例如，采用德尔菲法、层次分析法判断权重进行定性评价，评价周期长，过程复杂，影响技术评价的实效性。

专家辅助综合评价方法以线性综合评价模型为基础，结合专家经验确定指标权重和定性指标判断，对技术评价定量指标和定性指标进行量化加权，得到综合评价结果，可对节能减排技术进行综合快速判断。通常，专家辅助综合评价方法包括构建评价指标体系、确定指标权重、定量指标转化及指标加权求和四部分内容（图6-1）。

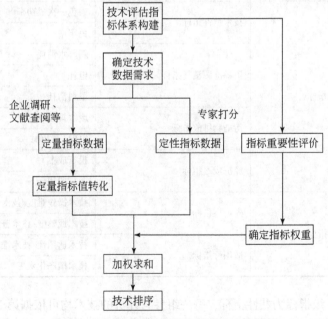

图 6-1 专家辅助综合评价方法的工作程序

1）构建评价指标体系：按照 2.3 节的方法构建技术评价指标体系，确定技术数据需求，收集相关数据。

2）确定指标权重：采用专家调查法对评价指标体系指标重要性进行打分，归一化得到指标权重。

3）定量指标转化：将定量指标统一转化为 1~5 的指标值，而定性指标值采用专家打分确定。

4）综合评价计算：根据指标权重和各指标值加权求和计算各项节能减排技术的综合评价结果，根据综合评价得分对技术进行排序。

6.2 专家辅助综合评价方法

6.2.1 指标体系的构建与指标的数据需求

在收集技术综合评价所需数据之前，应构建技术综合评价指标体系，包括定量与定性指标。以纺织行业染色技术为例，其评价指标体系设置如下（表6-1）。

表 6-1 评价指标体系示例

指标类型	一级指标	二级指标
定量指标	技术特性指标	染色一次成功率
		色牢率
	资源能源消耗指标	新鲜水消耗
		电耗
		染料消耗
	污染物排放指标	废水排放总量
		COD_{Cr}排放量
	经济成本指标	投资成本
		运行费用
定性指标	先进性指标	技术操作难度/技术自动化水平
		技术成熟度/技术普及程度
	适用性指标	技术适用性/技术推广应用前景
		技术国产化水平

其中，一级指标为共性指标，每一组参与评价的技术均可依据第 2 章 2.3 节所构建的指标体系框架设计评价指标；二级指标由各行业根据技术特点进行选择。

定量指标的数据可通过企业调研、文献查阅等方式获得，定性指标值由行业专家进行打分（表6-2）。如果定量指标的数据可得性较差，可转化为定性指标，由专家进行打分判断。

表6-2 定性评价表示例（纺织行业染色技术）

备选技术	技术自动化水平	技术普及程度	技术推广应用前景	技术国产化水平
	反映技术的先进智能程度和操作简便度，水平从①~⑤依次递增	反映技术在国内的商业化应用普及程度，水平从①~⑤依次递增	反映技术的适用范围和推广应用程度，水平从①~⑤依次递增	反映技术相关设备、材料的国内自给率，水平从①~⑤依次递增
活性染料湿蒸法轧染机	①②③④⑤	①②③④⑤	①②③④⑤	①②③④⑤
活性染料无盐轧染连续染色工艺	①②③④⑤	①②③④⑤	①②③④⑤	①②③④⑤
高效节能型针织平幅染整新技术	①②③④⑤	①②③④⑤	①②③④⑤	①②③④⑤
气体动力气流染色机	①②③④⑤	①②③④⑤	①②③④⑤	①②③④⑤
QR低温练漂剂及其低温练漂工艺	①②③④⑤	①②③④⑤	①②③④⑤	①②③④⑤
其他备选技术	①②③④⑤	①②③④⑤	①②③④⑤	①②③④⑤

注：①~⑤代表指标得分1~5分。

6.2.2 指标权重的确定

指标权重的确定主要采用专家调查法，由专家对评价体系中的指标重要性进行打分，重要性打分表示例见表6-3，对每位专家的打分结果进行代数平均，得到每项指标重要性的平均得分，归一化之后可得到每项指标的权重。一级指标权重：

$$W_i = \frac{c_i}{\sum_i c_i} \tag{6-1}$$

式中，W_i为i指标的权重；c_i为i指标的重要性平均得分。

对每个一级指标下的二级指标进行归一化，再乘上对应的一级指标权重，即得到二级指标权重：

$$W_{ij} = W_i \times \frac{c_{ij}}{\sum_j c_{ij}} \tag{6-2}$$

式中，W_i为i指标的权重；W_{ij}为i指标下二级指标j的权重；c_{ij}为j指标的重要性平均得分。

表6-3　重要性打分表示例

一级指标 i	重要性得分 c_i	二级指标 j	重要性得分 c_{ij}
技术特性指标	①②③④⑤	染色一次成功率	①②③④⑤
		色牢率	①②③④⑤
资源能源消耗指标	①②③④⑤	新鲜水消耗	①②③④⑤
		电耗	①②③④⑤
		染料消耗	①②③④⑤
污染物排放指标	①②③④⑤	废水排放总量	①②③④⑤
		COD_{Cr}排放量	①②③④⑤
经济效益指标	①②③④⑤	投资成本	①②③④⑤
		运行费用	①②③④⑤
先进性指标	①②③④⑤	技术操作难度/技术自动化程度	①②③④⑤
		技术成熟度/技术普及程度	①②③④⑤
适用性指标	①②③④⑤	技术适用性/技术推广应用前景	①②③④⑤
		技术国产化水平	①②③④⑤

6.2.3　定量指标值转化

　　每项备选技术的定性指标值取专家评价平均值。定量指标需要将统计得到的技术数据转化成1~5的指标值。赋值方法如下。

　　若该指标是技术数据值越大越好（如有效气成分，冷煤气效率等），则将统计数据值最低的技术赋指标值为1，将统计数据值最高的技术赋指标值为5；若该指标是值越小越好（如污染物产生量等），则将统计数据值最高的技术赋指标值为1，将统计数据值最低的技术赋指标值为5。

　　其余技术按照线性内插法得到指标值：

$$S_{i,t} = \begin{cases} \dfrac{a_{ij,t}-a_{ij,\min}}{a_{ij,\min}-a_{ij,\min}} \times 4+1, & a_{ij,t}\text{取值越大越好} \\[2ex] 5-\dfrac{a_{ij,t}-a_{ij,\min}}{a_{ij,\max}-a_{ij,\max}} \times 4, & a_{ij,t}\text{取值越小越好} \end{cases} \tag{6-3}$$

式中，$a_{ij,t}$为技术 t 在定量二级指标 j 上的样本平均值；$a_{ij,\max}$为所有技术在定量二级指标 j 上样本平均值的最大值；$a_{ij,\min}$为所有技术在定量二级指标 j 上样本平均值的最小值。

6.2.4 各指标加权求和

由以上指标权重和指标值的计算可知，通过定性和定量指标综合评价计算公式，可以得到各项节能减排技术的综合评价结果。

$$S_t = \sum_{i,j} W_{ij} S_{ij,t} \tag{6-4}$$

式中，W_{ij} 为二级指标 j 的权重；$S_{ij,t}$ 为 t 技术在二级指标 j 的指标值；S_t 为 t 技术的综合得分。

首先比较各项技术的综合得分，得分最高的若干项（根据备选技术的实际情况分析，不超过备选技术的 50%）为准先进适用技术，再结合专家意见，确定最终入选先进适用技术目录的清单。

6.2.5 软件工具

根据本章介绍的专家辅助综合评价方法，开发了该方法的单机版软件，用于支撑各行业开展技术评价工作。该软件工具实现了评价过程中技术打分表格自动生成、权重计算和定量指标转化计算，并自动计算生成了最终综合评价结果及排序。

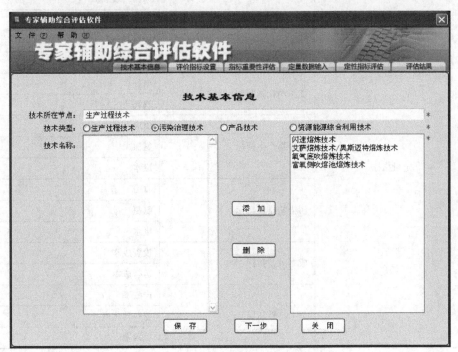

图 6-2 专家辅助综合评估软件界面

6.3　评价方法应用

专家辅助综合评价方法在行业中得到了较多应用，有效支撑了行业节能减排技术的遴选和评价工作。因该方法容易操作，综合评价结果直观，因此其是开展定量和定性评价的有效方法工具。本节以轻工发酵行业的谷氨酸生产技术评价为例，对专家辅助评价方法的应用进行说明。

6.3.1　评价指标体系的构建

谷氨酸生产过程中主要采用三种工艺组合，包括生物素亚适量/等电离交生产 L-谷氨酸工艺、生物素亚适量/浓缩等电转晶法生产 L-谷氨酸工艺、高性能温敏型菌种/浓缩等电转晶工艺。经过多轮专家讨论，确定发酵行业谷氨酸生产技术的评价指标体系（表6-4）。

表6-4　发酵行业谷氨酸生产技术评价指标体系

指标类型	一级指标	二级指标
定量指标	资源消耗指标	原料（淀粉）
		硫酸
		液氨
		新鲜水
	能源消耗指标	电耗
		汽耗
	污染物产生指标	COD
		氨氮
		废水
	污染物排放指标	COD
		氨氮
		废水
	成本效益指标	投资成本
		运行成本
	技术特性指标	产酸率
		糖酸转化率
		提取率

指标类型	一级指标	二级指标
定性指标	技术自动化水平	—
	技术普及程度	—
	技术推广应用前景	—
	技术国产化水平	—

6.3.2 指标权重计算

　　组织发酵行业技术评价专家研讨会，邀请技术、管理、科研院所相关专家9位，分别对指标体系中一、二级指标重要性进行打分（表6-5），指标得分按照重要性大小（1非常重要、2重要、3中等、4重要、5非常重要）在1~5取值，经过平均得到权重分布结果（表6-6）。

表6-5　指标重要性得分结果

一级指标	重要性得分	二级指标	重要性得分
资源消耗指标	4.86	原料（淀粉）	4.86
		硫酸	4.00
		液氨	4.43
		新鲜水	4.29
能源消耗指标	4.86	电耗	4.71
		汽耗	5.00
污染物产生指标	4.57	COD	4.57
		氨氮	4.71
		废水	4.43
污染物排放指标	4.71	COD	4.43
		氨氮	4.57
		废水	4.43
成本效益指标	4.43	投资成本	4.00
		运行成本	4.43
技术特性指标	4.71	产酸率	4.57
		糖酸转化率	4.57
		提取率	4.57

一级指标	重要性得分	二级指标	重要性得分
技术自动化水平	3.43	—	—
技术普及程度	3.86	—	—
技术推广应用前景	4.14	—	—
技术国产化水平	4.00	—	—

表 6-6　指标权重

一级指标	对总目标的权重	二级指标	对总目标的权重
资源消耗指标	0.11	原料（淀粉）	0.030
		硫酸	0.025
		液氨	0.026
		新鲜水	0.025
能源消耗指标	0.11	电耗	0.053
		汽耗	0.057
污染物产生指标	0.10	COD	0.033
		氨氮	0.035
		废水	0.033
污染物排放指标	0.11	COD	0.036
		氨氮	0.039
		废水	0.038
成本效益指标	0.10	投资成本	0.047
		运行成本	0.049
技术特性指标	0.11	产酸率	0.037
		糖酸转化率	0.037
		提取率	0.037
技术自动化水平	0.08	—	—
技术普及程度	0.09	—	—
技术推广应用前景	0.10	—	—
技术国产化水平	0.09	—	—

6.3.3　定量指标的转化

收集备选技术的各项定量指标数据，并对各项数据进行统一单位换算处理，统计数据汇总见表6-7。根据式6-3的算法将各备选技术的定量数据转化为1～5的指标值（表6-8）。

表6-7 发酵行业谷氨酸生产技术定量指标数据

一级指标	二级指标	生物素亚适量/等电离交生产L-谷氨酸工艺	生物素亚适量/浓缩等电转晶法生产L-谷氨酸工艺	高性能温敏型菌种/浓缩等电转晶工艺
资源消耗指标	原料（淀粉）	1.6	1.56	1.56
	硫酸	0.9	0.5	0.5
	液氧	0.47	0.3	0.3
	新鲜水	50	30	30
能源消耗指标	电耗	1200	1000	1000
	气耗	7	6	6
污染物产生指标	COD	0.6	0.5	0.5
	氨氮	0.25	0.1	0.1
	废水	120	65	65
污染物排放指标	COD	0.0045	0.0025	0.0025
	氨氮	0.0011	0.00062	0.00062
	废水	45	25	25
成本效益指标	投资成本	0.18	0.13	0.13
	运行成本	0.9	0.85	0.9
技术特性指标	产酸率	0.115	0.115	0.155
	糖酸转化率	0.6	0.6	0.66
	提取率	0.96	0.88	0.88

表6-8 发酵行业谷氨酸生产技术定量评价指标值转化

一级指标	二级指标	生物素亚适量/等电离交生产L-谷氨酸工艺	生物素亚适量/浓缩等电转晶法生产L-谷氨酸工艺	高性能温敏型菌种/浓缩等电转晶工艺
资源消耗指标	原料（淀粉）	1	5	5
	硫酸	1	5	5
	液氧	1	5	5
	新鲜水	1	5	5

一级指标	二级指标	生物素亚适量/等电离交生产 L-谷氨酸工艺	生物素亚适量/浓缩等电转晶法生产 L-谷氨酸工艺	高性能温敏型菌种/浓缩等电转晶工艺
能源消耗指标	电耗	1	5	5
	气耗	1	5	5
污染物产生指标	COD	1	5	5
	氨氮	1	5	5
	废水	1	5	5
污染物排放指标	COD	1	5	5
	氨氮	1	5	5
	废水	1	5	5
成本效益指标	投资成本	1	5	5
	运行成本	1	5	1
技术特性指标	产酸率	1	1	5
	糖酸转化率	1	1	5
	提取率	5	1	1

6.3.4 定性指标打分

对各专家定性评价结果进行代数平均后，得到技术定性指标值（表 6-9）。从表 6-9 可以看出，高性能温敏型菌种/浓缩等电转晶工艺自动化水平和国产化水平较高，但普及程度略低，具有较好的推广应用前景。

表 6-9 发酵行业谷氨酸生产技术定性评价指标值

备选技术	技术自动化水平	技术普及程度	技术推广应用前景	技术国产化水平
生物素亚适量/等电离交生产L-谷氨酸工艺	2.86	3.43	3.14	4.57
生物素亚适量/浓缩等电转晶法生产 L-谷氨酸工艺	3.00	3.57	3.00	4.57
高性能温敏型菌种/浓缩等电转晶工艺	4.14	3.14	4.71	4.71

6.3.5　综合评价

将每项技术的定量、定性指标值乘以该指标的权重后再加和，计算各项节能减排技术的综合得分，结果见表6-10。

表6-10　发酵行业谷氨酸生产技术评价结果

备选技术	生物素亚适量/等电离交生产L-谷氨酸工艺	生物素亚适量/浓缩等电转晶法生产L-谷氨酸工艺	高性能温敏型菌种/浓缩等电转晶工艺
评价结果	2.03	4.01	4.33

从表6-10可以看出，后两项技术——生物素亚适量/浓缩等电转晶法生产L-谷氨酸工艺和高性能温敏型菌种/浓缩等电转晶工艺要比第一项技术生物亚适量生物素亚适量/等电离交生产L-谷氨酸工艺得分高得多，这两项技术具有明显的技术优势。评价结果经过专家参考论证后，最终推荐高性能温敏型菌种/浓缩等电转晶工艺作为先进适用技术进入技术目录。

6.4　小　　结

专家辅助综合评价方法应用重要性打分环节，不仅可以确定各项指标及其权重，评价过程相对简便，而且对于要求专家直接进行权重评价的方法而言，重要性打分比多属性综合评价方法更为直观。该方法在有色、轻工等4个行业节能减排技术评价过程中得到应用，评价结果较好地反映了行业节能减排技术的优劣关系，为行业开展技术遴选和目录制定工作提供参考。

第7章 行业节能减排技术遴选与评估服务平台

目前，中国多个与节能减排相关的管理部门开展了节能减排技术目录、技术清单或者技术指南等的研究和发布工作。但由于各部门职能与实际需求不同，各类技术目录及清单之间的协调性与系统性存在诸多问题，如缺乏编制规范、技术遴选评估的程序及方法，以及所提供的技术信息也不尽相同。这给节能减排技术的需求者判断技术适用性，选择合适的节能减排技术带来了困难，这在一定程度上影响了我国行业节能减排先进适用技术的推广应用。

为促进中国行业节能减排技术评估程序的规划化与标准化，普及中国节能减排技术评估的定量化方法，利用先进的信息化技术更好地为企业节能减排技术改造、技术更新和信息服务提升提供支撑，本章针对钢铁、石化、有色金属、汽车、轻工、纺织、电子信息、建材、装备制造、船舶、医药行业等重点行业的节能减排关键技术，以节能减排技术评估指标体系与评估方法为基础，结合各行业节能减排技术遴选与评估实践的成果，介绍节能减排技术综合评估和辅助遴选系统、节能减排技术数据库，以及行业节能减排技术遴选与评估服务平台的开发和应用。

7.1 服务平台的需求分析

7.1.1 平台开发的目的和意义

以钢铁、石化、有色金属、汽车、轻工、纺织、电子信息、建材、装备制造、船舶、医药等重点行业的技术遴选和评估服务需求为核心，开发技术数据库和综合评估工具，以支撑行业节能减排技术的遴选工作，促进行业节能减排技术信息的交流。利用服务平台打破技术信息藩篱，辅助企业用户方便快捷地利用科学工具对技术进行定量化评估，提高技术选择和推广的针对性和有效性。

首先，在行业节能减排技术信息分类与编码标准，以及相关信息系统建设的规范性研究的基础上，建立节能减排技术信息数据库；研发节能减排技术数据采集软件与数据共享交换系统。由此，一方面可提供节能减排技术数据采集手段，另一方面将系统整合的节能减排技术参数导入技术数据库，实现节能减排技术数据的动态更新、统一维护、管理及共享。

其次，在节能减排技术遴选程序与规范研究的基础上，开发面向行业技术专家、环境专家与经济专家的节能减排技术遴选的辅助系统；基于所开发的节能减排技术综合评估方法，研发节能减排技术综合评估软件，为相关行业提供节能减排技术评估辅助工具。

集成上述主要成果开发行业节能减排技术遴选与评估服务平台，实现基于Web 的节能减排技术辅助遴选、综合评估、比选评估等技术遴选与评估服务，为相关政府部门、行业与企业节能减排先进适用技术的推广运用，以及行业节能减排技术政策的制定提供辅助决策工具。服务平台的开发与应用，不仅有助于推进重点行业节能减排先进适用技术的推广与应用，促进重点行业产业结构的升级，确保各级节能减排目标的实现，而且对提高行业技术节能减排的力度，促进能源节约、提高资源利用效率、降低污染物排放具有重要意义。

7.1.2　系统结构

行业节能减排技术遴选与评估服务平台总体结构如图 7-1 所示，采用 B/S 结构模式，可为用户提供节能减排技术申报、评估遴选、技术发布、推广与应用等服务。

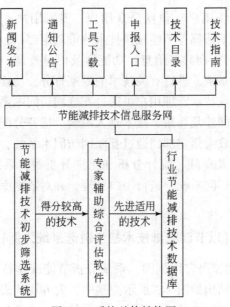

图 7-1　系统总体结构图

7.1.3 系统功能需求

1. 节能减排技术遴选与评估服务平台的功能框架

图 7-2 为节能减排技术遴选与评估服务平台的功能模块结构图，其具体模块包括信息发布、行业数据、工具下载、技术申报（仅接口）及业务系统等。

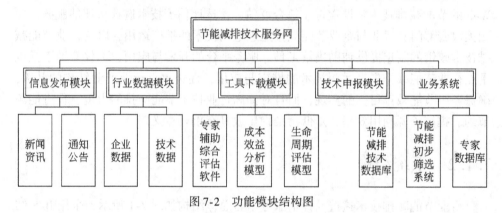

图 7-2 功能模块结构图

2. 系统参与者

系统参与者（系统用户）包括公众用户、专家用户、各行业节能减排技术管理用户、科技部与工信部等节能减排技术政策制定部门、系统管理员。公众用户通过 Internet 浏览与查询共享信息，功能涉及信息查询、数据下载等；专家用户通过互联网访问本系统，进行有关技术的专家打分，功能涉及登录、修改个人资料、打分等；各行业技术管理用户可通过互联网访问本系统，进行任务分配和数据更新等工作，功能涉及登录、技术录入编辑、任务分配、指标设置和专家分配等；节能减排技术政策制定部门通过互联网访问本系统，进行统计分析、比选分析等工作，功能涉及登陆、统计分析和比选分析等；系统管理员具有最高权限，通过内部局域网访问系统，进行用户管理，并对数据库代码表和系统日志等进行日常维护与管理。

3. 系统用例图（以节能减排技术初步遴选系统为例）

利用 UML 标准建模语言用例图，系统分析节能减排技术初步遴选过程，确定该系统的总体用例结构如图 7-3 所示。其中，大方块代表系统的边界，椭圆形的符号为用例，对应于系统的功能模块；人形符号表示参与者（actor）。

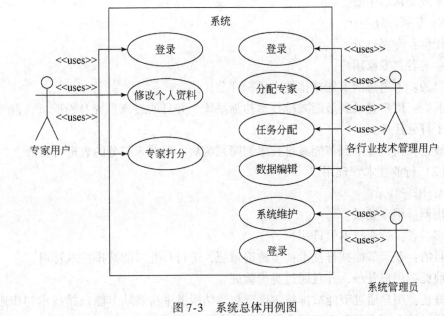

图 7-3 系统总体用例图

图 7-3 中省略表达了数据库，认为用例都在平面上，而数据库在平面的下方，每个用例共享一条与数据库交互的数据通道。

4. 节能减排技术初步遴选系统功能需求分析

（1）专家用户

A. 用户登录

用例：用户登录。

参与者：专家用户。

目的：登录节能减排技术初步遴选系统，进行打分。

前提：专家信息中有 Email 信息。

概述：用户通过节能减排技术遴选与评估服务平台登录节能减排技术初步遴选系统，输入用户名和密码，经验证后进入专家打分页面。

B. 修改密码

用例：修改密码。

参与者：专家用户。

目的：修改登录密码。

前提：用户登录到节能减排技术初步遴选系统，并且通过该系统身份验证。

概述：用户登录到节能减排技术初步遴选系统后，选择用户设置，输入新密码，系统确认后生效。

C. 专家打分

用例：专家打分。

参与者：专家用户。

目的：为遴选的节能减排技术进行评分。

前提：用户登录到节能减排技术初筛系统，并且通过该系统身份验证，并被分配了打分任务。

概述：用户登录到节能减排技术初筛系统后，可对未打分的表进行打分。

（2）行业技术管理用户

A. 用户登录

用例：用户登录。

参与者：行业技术管理用户。

目的：登录节能减排技术初步遴选系统，进行行业节能减排技术管理。

前提：用户登录，并且通过身份验证。

概述：用户通过节能减排技术遴选与评估服务平台登陆节能减排技术初步遴选系统，输入用户名和密码等身份验证信息，经验证后进入技术管理界面。

B. 技术管理

用例：技术管理。

参与者：行业技术管理用户。

目的：添加需要参与遴选的技术。

前提：用户登录到节能减排技术初步遴选系统，并且通过该系统身份验证。

概述：用户登录到该系统后，进入技术管理页面，可添加需要进行遴选的技术。

C. 专家选择

用例：专家选择。

参与者：行业技术管理用户。

目的：给初筛技术选择打分专家。

前提：用户登录到本系统，并且通过本系统身份验证。

概述：用户登录到该系统后，进入技术管理页面，可为每条技术选择打分的专家。

D. 任务分配

用例：任务分配。

参与者：行业技术管理用户。

目的：设置任务并分配给相应的专家。

前提：用户登录到节能减排技术初步遴选系统，并且通过该系统身份验证。

概述：用户登录到该系统后，进入任务分配页面，可进行添加、修改等操作设置任务，之后将任务分配给专家并发邮件通知。

E. 邮件通知专家

用例：邮件通知专家。

参与者：行业技术管理用户。

目的：通知专家在本系统进行技术评估工作。

前提：专家被选中对某技术进行评估、专家信息中有邮箱。

概述：可以选择给部分或全部专家发送邮件，邮件内容按照系统默认设置。

F. 完成情况查询

用例：任务完成情况查询。

参与者：行业技术管理用户。

目的：查询专家技术初筛任务完成情况。

前提：用户登录到节能减排技术初步遴选系统，并且通过该系统身份验证。

概述：用户登录到该系统后，进入指标任务完成情况查询页面，可查看该任务涉及的专家任务完成情况。对于没有完成的专家，可以发催缴邮件，或取消该专家的任务，另行分配其他专家任务。

G. 指标设置

用例：指标设置。

参与者：行业技术管理用户。

目的：设置任务并分配给相应的专家。

前提：用户登录到节能减排技术初步遴选系统，并且通过该系统身份验证。

概述：用户登录到该系统后，进入指标设置页面，可添加、修改一、二级指标。

H. 遴选结果管理

用例：遴选结果管理。

参与者：行业技术管理用户。

目的：对最终节能减排技术遴选结果进行管理。

前提：用户登录到节能减排技术初步遴选系统，并且通过该系统身份验证。

概述：用户登录到该系统后，进入遴选结果管理页面，可查询节能减排技术遴选结果，对结果进行统计分析。一旦各专家打分结果差异很大，会影响最终遴选结果。可以另外建立技术初筛任务，另行分配给其他技术遴选专家。

5. 功能需求分析

(1) 专家库及其管理系统功能需求分析

专家库及其管理系统是节能减排技术初步遴选系统专家打分的基础，该系统包括专家库管理和代码表管理两部分。表7-1为节能减排技术专家库管理系统功能需求分解表。

表7-1　节能减排技术专家库管理系统功能需求

功能类别	子功能
专家库管理	添加、修改、删除、备份、格式化导入导出，格式化输出
	查询、遴选
代码表管理	添加、修改、删除、备份、格式化导入导出
	与其他系统交换数据

(2) 节能减排技术初步遴选系统功能需求分析

节能减排技术初步遴选系统包括专家管理、技术管理、任务管理、指标设置和遴选结果管理五部分（表7-2）。其中任务管理包括任务分配、邮件通知专家、邮件参数设置和完成情况查询。完成情况查询分为完成打分专家和未完成打分专家。

表7-2　节能减排技术初步遴选系统功能需求

功能类别		子功能
专家管理	专家管理	查询
技术管理	技术管理	添加、修改、删除，选择专家，查询
任务管理	任务分配	添加、修改、删除，激活任务
	邮件通知专家	选择专家、发邮件
	邮件参数设置	
	完成情况查询	查询
指标设置	一级指标设置	添加、修改、删除
	二级指标设置	添加、修改、删除
遴选结果管理	按照技术	导出

（3）节能减排技术数据库管理系统功能需求分析

节能减排技术数据库包括行业数据、综合管理与专家系统三部分（表7-3）。其中行业数据包括数据导入、专家管理和系统管理；综合管理包括统计分析、技术目录库、应用案例库、技术示范企业库、技术指南、专家管理、比选分析和系统管理。

表 7-3　节能减排技术数据库管理系统功能需求

功能类别			子功能
行业数据	数据导入	技术目录导入	修改、删除，导入，查询
		应用案例导入	导入
			关联技术
		调研数据导入	上传调研表
			新增、修改企业信息
	专家管理	专家信息维护	添加、修改、删除，查询
	系统管理		添加、修改、删除技术标签
综合管理	统计分析		统计
	技术目录库	先进适用技术	查询
		各部委发布的技术目录	查询
		先进适用技术目录	查询、下载
	应用案例库	先进技术案例	查询
	技术示范企业库	调研企业	查询、下载
	技术指南	技术指南	查询、下载
	专家管理	专家信息列表	添加、修改、删除，查询
	比选分析	比选分析	查询
	系统管理		添加、修改、删除分类
专家系统	个人信息		修改
	密码设置		

（4）节能减排技术综合评估软件功能需求分析

在本书的节能减排技术综合评估、比选方法和成本效益分析方法研究的基础上，开发的节能减排技术综合评估软件包括节能减排技术专家辅助综合评估软件和技术成本效益分析软件。对软件的基本要求如下。

1）软件界面友好、操作简便。表7-4为节能减排技术综合评估软件用户界面需求分解表。

表7-4　用户界面需求

需求名称	详细要求
菜单	将主要功能以下拉式菜单形式给出
工具栏	给出当前操作的主要功能
工作区	显示待处理图形及图形主要属性
模型参数弹出对话框	所有涉及的模型或基于准则（规则）的推理过程，都要给出对话框，编辑相关参数，并在工作区实时给出调整后的结果

2）依照所设计的技术综合评估和比选等方法，设计综合评估信息化平台框架，开发定性与定量相结合的节能减排技术专家辅助综合评估软件。

3）技术成本效益分析软件能够实现节能减排技术定量化评估及成本效益等指标计算，为行业节能减排技术的定量化评估提供辅助工具。

（5）节能减排技术遴选与评估服务平台功能需求

节能减排技术遴选与评估服务平台功能主要包括通知公告、新闻资讯、申报入口、技术目录、技术指南和关于我们六部分。其中，申报入口包括申报材料下载和申报材料上传；技术目录包括钢铁、石化、有色金属、汽车、轻工、纺织、电子信息、建材、装备制造、船舶和医药共11个行业的先进适用技术目录；技术指南包括钢铁、石化等11个行业的技术指南下载（表7-5）。

表7-5　节能减排技术遴选与评估服务平台功能需求

功能模块	子功能
通知公告	
新闻资讯	
申报入口	申报材料下载
	申报材料上传
技术目录	查看先进适用技术信息
	下载先进适用技术目录
技术指南	下载技术指南

功能模块	子功能
关于我们	

(6) 系统顺序图

以节能减排技术初步遴选系统为例说明系统顺序。图 7-4 ~ 图 7-9，分别为节能减排技术初步遴选系统所涉及的用例图。

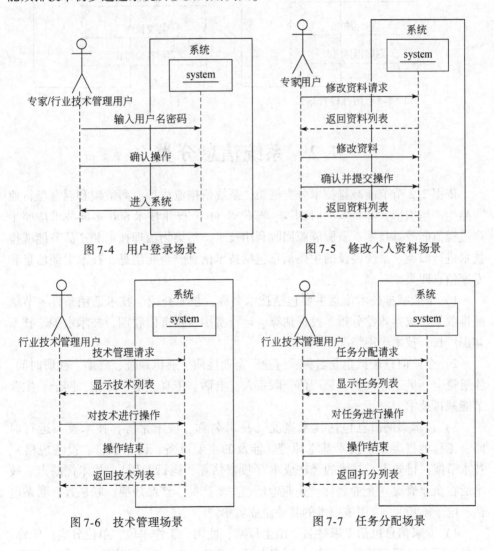

图 7-4 用户登录场景   图 7-5 修改个人资料场景

图 7-6 技术管理场景   图 7-7 任务分配场景

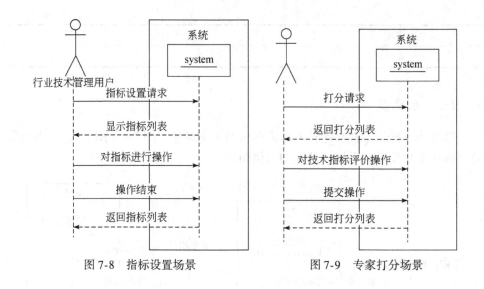

图 7-8 指标设置场景   图 7-9 专家打分场景

7.2 系统信息分类

依据 2.2 节节能减排技术分类框架，系统依据流程型、离散型和混合型行业产品生产组织形式和特点，对钢铁、石化等 11 个行业技术 600 多项技术按照生产过程节能减排技术、资源能源回收利用技术、污染物治理技术和产品节能减排技术进行归类。系统涉及的主要信息包括技术信息、企业信息、技术案例信息和专家信息四类。

1）节能减排技术信息主要包括技术名称、技术介绍、技术适用条件、节能减排效果、成本效益分析、投资估算、运行费用、投资回收期、技术水平、技术知识产权、技术应用情况。

2）企业信息包括企业名称、行业、企业性质、通讯地址、邮编、注册时间、注册资金、员工总人数、总产值、联系人、电话、传真、电子邮箱、网址、主要节能减排技术。

3）技术案例信息包括技术概况（技术名称、技术来源、技术投入运行时间、工程项目类型、技术基本原理、涉及的主要设备、设备数量、设备规格）、技术节能减排效果、技术的经济成本（投资估算、运行费用）、技术优缺点、技术所在企业概况（企业名称、企业地址、主要产品、产品规模、联系人、联系电话、电子邮箱）、应用该技术的其他企业名单。

4）专家信息包括专家姓名、出生日期、性别、工作单位、单位分类、职称、职务、行业、研究领域、手机、固定电话、学历、Email、通信地址、邮政编码、主要成果、工作经历、社会兼职。

7.3 系统原型设计与开发

为了使最终开发出来的系统功能满足用户需求,本系统采用快速原型法(rapid prototyping),原型法分析采用 Axure RP Pro 工具。利用这一工具设计与修改原型,使之不断靠近用户需求,最终开发设计出满足用户需求的原型。

7.3.1 需求分析与系统原型设计方法

1. 快速原型法

快速原型法是一种以用户为中心(user-centered design)的系统需求分析技术,其可以帮助用户体验专家、设计师与工程师创造更加有用、可用的产品。首先,系统分析师针对系统的初步理解,开发出系统原型;在此基础上,分析师与用户围绕开发出的原型进行讨论,从用户需求角度,分析哪些需要补充完善,哪些没有必要;系统分析师根据讨论结果,完善原型;进一步与用户讨论,不断修改、补充完善原型,直到完全满足用户需求,得到用户认可;完成原型开发后,可进入下一阶段:系统开发阶段。

2. 原型开发工具 Axure

传统的需求管理工具或工作表中储存着数千个需求与上百页的文件,这种低效的需求分析方法已不适合目前快速发展的环境。而制作原型(prototype)是一种有效地简化文档编制、吸引使用者参与、早期辨认需求遗漏、将外在需求风险降到最低的方法。原型将大量文字性文档转变为带有注释与互动性的可视画面,让用户在软件开始投入编程前就确认需求。

Axure 全称为 Axure RP Pro(图7-10)。Axure 是一款专业的快速原型设计工具,负责定义需求和规格、设计功能和界面,能够快速创建应用软件或 Web 网站的线框图、流程图、原型和规格说明文档。其特点包括:①进行更加高效的设计;②让用户体验到动态的原型,便于与用户交流以确定用户需求;③自动产生规格说明书;④支持多人协同设计,支持对版本进行管理控制。

图 7-10　Axure 软件界面

注：图中①主菜单和工具栏；②站点地图面板；③部件面板；④模块面板；⑤线框工作区；⑥页面注释和交互区。

7.3.2　系统原型设计与开发——以专家辅助综合评估软件为例

根据前期需求分析结果设计，开发专家辅助综合评估软件的原型，并以原型为基础，充分与用户沟通，不断完善原型，确定满足专家需求的专家辅助综合评估软件的具体功能。

1. 首页设计

对本评估软件的使用步骤做一个简单的说明，并以 tab 的形式标注每个步骤的页面，首页设计样式如图 7-11 所示。

2. 技术基本信息页面设计

为了设置评分表格，需录入技术分类及待评估的技术名称等信息，技术基本信息录入页面如图 7-12 所示。

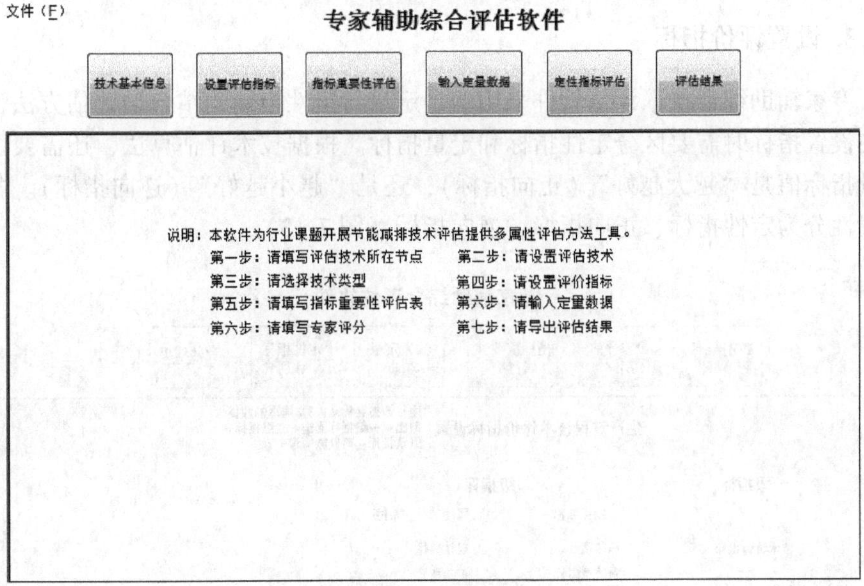

文件（F）

专家辅助综合评估软件

| 技术基本信息 | 设置评估指标 | 指标重要性评估 | 输入定量数据 | 定性指标评估 | 评估结果 |

说明：本软件为行业课题开展节能减排技术评估提供多属性评估方法工具。

第一步：请填写评估技术所在节点　　　第二步：请设置评估技术

第三步：请选择技术类型　　　　　　　第四步：请设置评价指标

第五步：请填写指标重要性评估表　　　第六步：请输入定量数据

第六步：请填写专家评分　　　　　　　第七步：请导出评估结果

图 7-11　软件首页设计

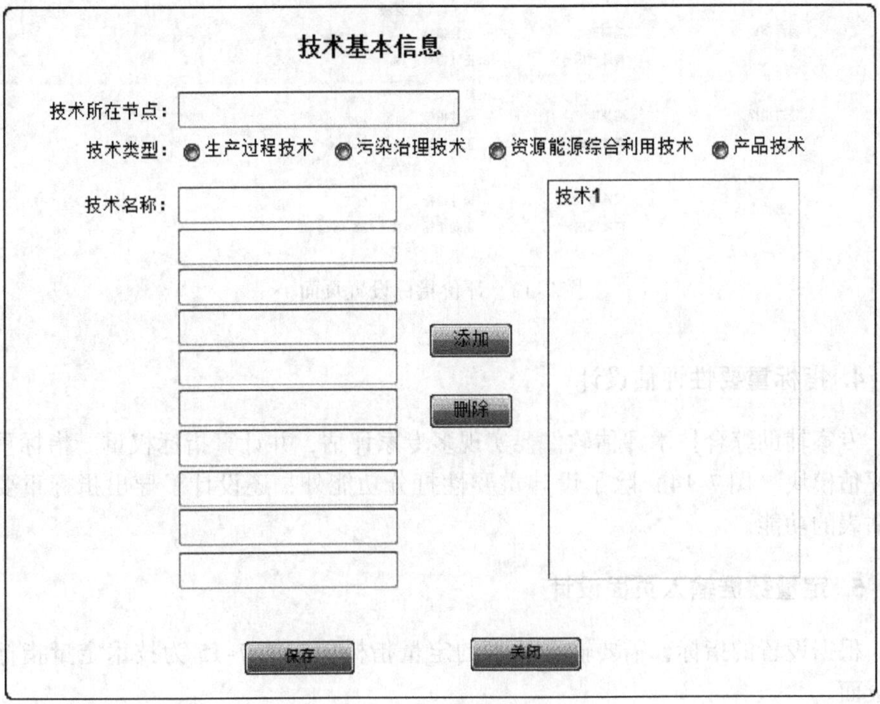

技术基本信息

技术所在节点：

技术类型：⊙ 生产过程技术　　⊙ 污染治理技术　　⊙ 资源能源综合利用技术　　⊙ 产品技术

技术名称：

技术1

添加

删除

保存　　　　　关闭

图 7-12　技术基本信息页面设计

3. 设置评价指标

专家辅助综合技术评估软件采用的是定量与定性指标相结合的评估方法，因此在设置指标时需要区分定性指标和定量指标。根据技术评估算法，还需要区分定量指标值是"越大越好"（正向指标），还是"越小越好"（逆向指标）。各指标属性分为定性指标、正向指标、逆向指标（图7-13）。

图7-13　评价指标设置页面

4. 指标重要性评估设计

专家辅助综合技术评估软件要实现多专家评估，并计算指标权重。指标重要性评估模块（图7-14）除了设计重要性打分功能外，还设计了导出指标重要性评估表的功能。

5. 定量数据输入页面设计

根据设置的指标，需要输入技术的定量指标值，图7-15为技术定量指标输入页面。

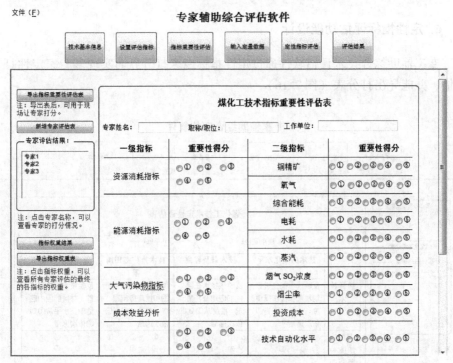

图 7-14 指标重要性评估页面

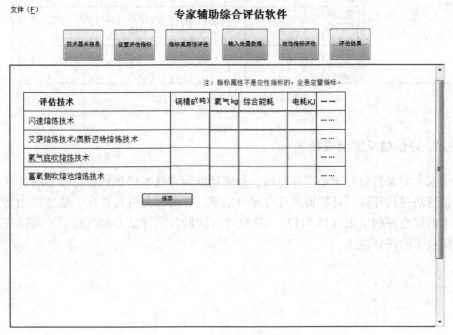

图 7-15 技术定量指标输入页面

6. 定性指标评估功能设计

专家辅助综合技术评估软件通过定性指标专家打分界面实现多专家定性打分评估，并能导出打分表（图7-16）。

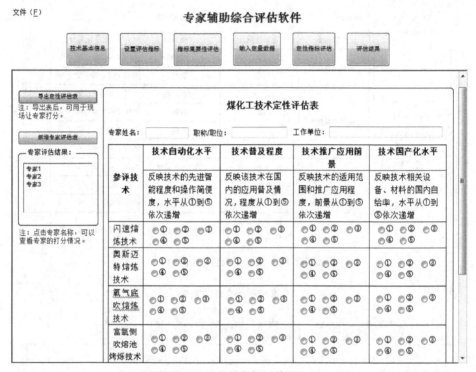

图 7-16　定性指标评估页面

7. 评估结果展示设计

录入专家打分与定量指标值后，专家辅助综合技术评估软件可按多属性综合评估算法进行计算，计算得到综合评价结果，并对评分进行排序，快速得出待评技术的综合评估结果（图7-17）。该软件可辅助技术评估专家进行节能减排先进适用技术的评估遴选。

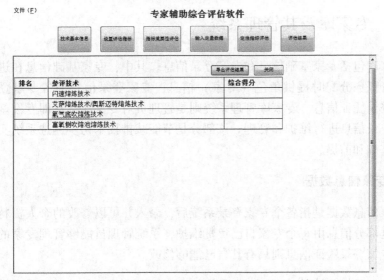

图 7-17 评估结果展示页面

7.4 节能减排技术初步遴选系统设计与实现

在对节能减排技术初步遴选专家定性判断的结构化程序需求分析基础上，开发基于 Web 的节能减排技术专家定性判断系统；通过互联网系统管理选择行业技术专家、环境专家和经济专家对节能减排技术定性评估指标权重与待评节能减排技术进行定量打分；根据打分汇总结果，对申报的节能减排技术进行初步遴选，遴选出进入下一轮需要定量评估的节能减排技术。节能减排技术初步遴选系统的总体功能框架如图 7-18 所示，包括管理系统和专家打分系统两部分。

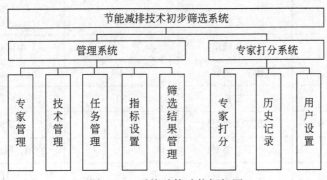

图 7-18 系统总体功能框架图

7.4.1 专家库及其管理系统

专家库包括专家基础信息和专家登录信息。其中，专家基础信息在进行技术指标评分任务分配时提供角色（专家）信息，专家登录信息为各专家登录打分时提供登录凭证信息。专家库管理系统则是管理员对专家库信息即专家基础信息和专家登录信息进行维护和管理。该部分是节能减排技术初步遴选系统实现评分功能的基础和前提。

1. 专家信息数据

专家信息数据是指各个专家登录系统后，录入并可以修改的个人资料与登录信息，这部分信息由每个专家自己负责维护，系统管理员能够管理专家的基础信息，但专家登录验证信息则只有其自己能够修改。

（1）节能减排技术专家库结构

节能减排技术专家库具体结构见表7-6。

表7-6 节能减排技术专家库字段说明

字段名称	字段类型	字段大小	备注
姓名*	文本	10	姓、名间不要加空格
性别*	数字（整型）	1	性别代码
出生年月*	日期	6	xxxx 年 xx 月
民族	数字（整型）	2	民族代码
行业*	文本	2	自选
工作单位	文本	50	自填
单位分类	数字（整型）	1	单位分类代码
职称	数字（整型）	4	自填
职务	文本	30	自填
研究领域*	数字（整型）	6	系统配置
手机	数字（整型）	11	自填，限定 11 位数字
固定电话	数字（整型）	15	自填

续表

字段名称	字段类型	字段大小	备注
学历	数字（整型）	1	学历代码，见附件B
Email	—	—	自填
研究领域	数字（整型）	50	系统配置
工作单位	文本	50	自填
通信地址	文本	50	自填
邮政编码	数字（整型）	15	自填
主要成果	文本	100	自填
工作经历	文本	100	自填
社会兼职	文本	100	自填

注：①带＊为必填项目，不带＊为选填项目，须注明。

②填写内容中限定选项时，建议采用下拉菜单，如出生年月、行业、民族、学历等。

（2）专家信息表结构

```
                   专家信息表
userid              VARCHAR2(50 CHAR)        <pk>
loginname           VARCHAR2(50 CHAR)
username            VARCHAR2(50 CHAR)
sex                 VARCHAR2(1 CHAR)
deptname            VARCHAR2(100 CHAR)
duty                VARCHAR2(20 CHAR)
zipcode             VARCHAR2(10 CHAR)
email1              VARCHAR2(150 CHAR)
email2              VARCHAR2(150 CHAR)
tel1                VARCHAR2(40 CHAR)
tel2                VARCHAR2(20 CHAR)
mobile1             VARCHAR2(20 CHAR)
mobile2             VARCHAR2(20 CHAR)
remark              VARCHAR2(100 CHAR)
valid               VARCHAR2(1 CHAR)
role                VARCHAR2(1 CHAR)
pwd                 VARCHAR2(50 CHAR)
birthday            VARCHAR2(20 CHAR)
nationality         VARCHAR2(2 CHAR)
lineOfBusiness      VARCHAR2(50 CHAR)
specialty           VARCHAR2(6 CHAR)
schoolRecord        INT
tecDomain           VARCHAR2(50 CHAR)
researchSpecility   VARCHAR2(50 CHAR)
mainResult          VARCHAR2(100 CHAR)
other               VARCHAR2(50 CHAR)
depttypecode        VARCHAR2(50 CHAR)
post                VARCHAR2(100 CHAR)
workexperience      VARCHAR2(2000 CHAR)
socialjob           VARCHAR2(200 CHAR)
```

2. 专家管理模块

专家管理模块具体包括以下专家信息维护管理功能：①查看专家信息；②对专家信息进行新增、编辑、删除，以及发送邮件等操作，专家的单位分类及研究领域可选；③专家姓名、研究领域、所在行业单一和组合查询，查询关键字支持精确和模糊查询。

7.4.2 技术初筛数据库建设

根据节能减排技术初步遴选、数据采集、任务分配及技术指标评分等要求，技术信息数据库可分为以下四大类。

1. 技术管理信息数据

技术管理信息数据指节能减排技术的管理信息，其功能是设置节能减排的相关技术，为专家评分做基础。

2. 任务管理及任务分配数据

本系统对一种技术进行五次评分，任务管理用来设置和启动五次评分任务。

3. 指标数据设置

指标设置指对每次分配的任务进行相应的节能减排技术初筛指标设置，便于专家对指标进行打分，并为后续的技术遴选做准备。节能减排技术初筛指标共分为两级。

4. 专家评分数据

专家评分数据指对相应指标进行打分后的存储表结构，对计算分值起至关重要的作用。系统提供两种保存方式：暂存和直接保存。

7.4.3 系统功能实现

节能减排技术初步遴选系统是根据钢铁、石化、有色金属、汽车、轻工、纺织、电子信息、建材、船舶、医药、装备制造 11 个行业开发的，每个行业都有各自行业的节能减排技术初步遴选系统，提供节能减排技术遴选功能（图7-19）。

每个行业节能减排技术初步遴选系统又分为管理系统和专家打分系统两个子系统。

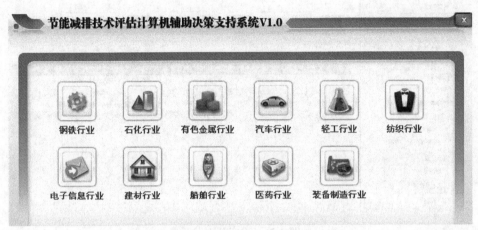

图 7-19 节能减排技术初步遴选系统

1. 技术初步遴选系统工作流程

节能减排技术初步遴选系统工作流程如图 7-20 所示。

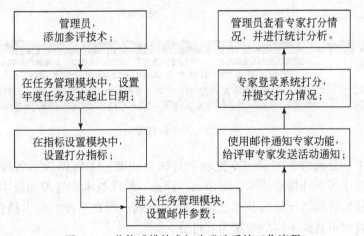

图 7-20 节能减排技术初步遴选系统工作流程

2. 管理系统

1) 专家管理模块用于查看专家的基本信息, 界面如图 7-21 所示。

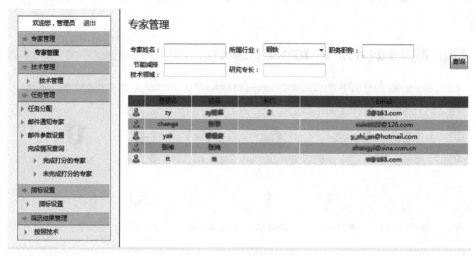

图 7-21　专家管理界面

2）技术管理模块用于维护技术信息，界面如图 7-22 所示。

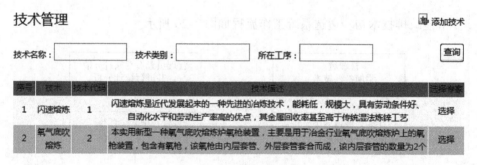

图 7-22　技术管理界面

对技术信息的维护管理，本模块支持如下功能：①根据技术名称、技术类别、所在工序等条件检索技术；②添加、修改、删除技术；③添加技术时，管理员可根据技术详细情况填写技术代码、技术类别、所在工序、技术描述等情况；④对每项技术可选择不同的专家为其打分。

3）任务管理模块可分配任务、邮件通知专家、设置邮件参数和查询完成情况。

任务分配模块用于维护每次打分任务的起止时间等信息（图 7-23）。

任务设置　　　　　　　　　　　　　　　　　　　　　🔲添加任务

任务	评分起始时间	评分截止时间
第二次评分	2006-02-02	2006-07-08
✓　第六次评分	2011-01-01	2011-12-31
第三次评分	2007-01-01	2007-06-30
第四次评分	2008-06-01	2008-10-11
第五次评分	2009-01-01	2009-12-31
第一次评分	2006-11-11	2006-12-11

图 7-23　任务设置界面

　　任务分配支持以下功能：①支持添加、删除、修改任务。添加任务时，可以填写任务名称、评分起始日期、评分截止日期、是否激活、指标参考任务（图 7-24）。②当激活的任务结束后，专家将无法再对此次任务进行评分。③每次只能有一个任务被激活，如果新加的记录选择了激活，则原激活的任务自动关闭。

添加任务

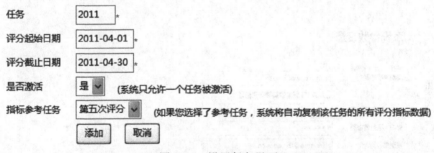

图 7-24　设置任务界面

　　邮件通知专家：本模块可将所设置的邮件主题和正文，发送给指定的专家，通知其登录系统进行打分（图 7-25）。①支持选择任意专家发邮件；②系统默认邮件主题，支持修改；③邮件正文中的专家 Email 名称（NAME）、专家编号（ID）、密码（PASSWORD）将由系统自动生成。选择专家，点击"发送邮件"按钮后，邮件内容将发送到所选择的专家邮箱中。
　　邮件参数设置：用于设置发送邮件的服务器及邮件内容，如图 7-26 所示。邮件系统参数按照要求填写。
　　完成情况查询：显示已完成全部打分的专家和未完成全部打分的专家列表。①完成打分的专家。该模块显示已给全部参评技术打分，并全部提交的专家名单；②未完成打分的专家。该模块显示未完全提交全部参评技术分数的专家名单；③ "完成数量"列显示的是该专家提交的打分数量。

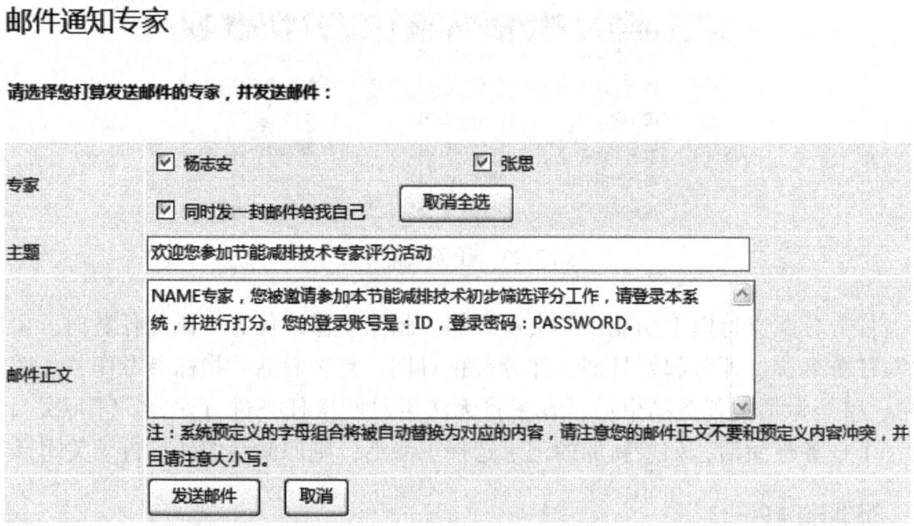

邮件通知专家

请选择您打算发送邮件的专家，并发送邮件：

图 7-25　设置邮件通知专家界面

系统参数设置

图 7-26　系统邮箱设置界面

4）指标设置模块支持对每次评分任务设置打分指标。

5）遴选结果管理模块可根据技术统计其打分结果，并支持查看每项技术的详细得分情况。

3. 专家打分系统

专家打分模块用于显示未打分的技术（图 7-27）、临时保存打分的技术及提交打分结果的技术，并查看绩效得分。其功能具体包括：①提交打分结果。该操作是将打分记录提交给系统，管理员将可以看到打分结果。②支持临时提交打分表。临时保存可以将打分情况暂时保存，并可以重新修改。③支持重填打分表。该操作是清空当前打分的结果，需谨慎操作。④支持查看历史打分记录。⑤支持查看评分结果的绩效得分。

未打分的技术

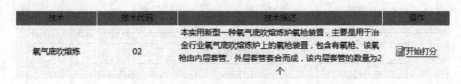

技术	技术代码	技术描述	操作
氧气底吹熔炼	02	本实用新型一种氧气底吹熔炼炉氧枪装置，主要是用于冶金行业氧气底吹熔炼炉上的氧枪装置，包含有氧枪、该氧枪由内层套管、外层套管套合而成，该内层套管的数量为2个	开始打分

图 7-27　未打分列表界面

7.5　节能减排技术数据库系统设计与实现

在节能减排技术信息分类及编码研究的基础上，本书对 11 个重点行业的节能减排技术数据库的需求进行了系统分析，设计了数据库结构，利用 MS SQL Server 软件建立了各行业的技术数据库，并将各重点行业的技术数据信息导入到该数据库，对各行业进行统一技术数据的维护与管理。

7.5.1　系统框架

1. 系统总体框架

节能减排技术数据库总体框架（图 7-28）可分为应用支持平台、基础管理系统、数据中心和数据展现几个子系统。

2. 业务流程分析

节能减排技术数据库管理业务流程如图 7-29 所示。

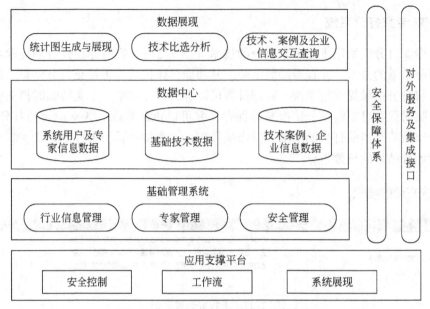

图 7-28　节能减排技术数据库总体框架

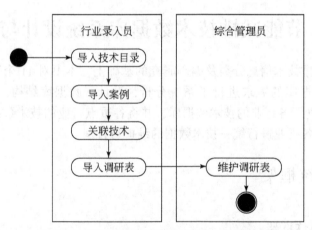

图 7-29　节能减排技术数据库管理业务流程图

7.5.2　系统设计

1. 数据库建设

根据节能减排技术数据库数据的采集、整合、统一维护管理的要求，节能减排技术数据库所存储的信息可分为以下几类。

（1）系统用户信息数据

系统用户与专家信息数据指用户（包括专家）信息。用户可以登录到系统，对自己信息进行维护，系统管理员能够管理用户的基本信息，但登录身份验证信息只有用户自己可以修改。

（2）技术信息数据

技术信息数据指技术目录中各条技术的信息，包括技术目录的基本信息与所涉及的代码表信息。

（3）应用案例信息数据

应用案例信息数据指应用案例的基本信息，行业数据库系统管理员能够维护管理技术案例的基本信息，其他人员只能查看这些信息。

（4）企业信息数据

企业信息数据指企业的基本信息，行业内的技术数据库管理员负责维护管理本企业信息数据，其他用户只能查看，不能修改这些信息。

（5）技术指南数据

技术指南数据指技术指南的基本信息，行业数据库系统管理员可以维护指南的信息，其他用户只能查看。

（6）比选分析模块数据

节能减排技术数据库中存有大量经过评估遴选的先进适用技术。这些技术可以作为标杆。例如，当有新的节能减排技术需要被判断是否属于先进适用技术时，可以将这一技术的相关指标数据与技术库中存储的类似技术进行比较，判断其是否具有先进适用性。

2. 系统开发工具

（1）B/S 结构

B/S（browser/server）结构即浏览器和服务器结构。它是随着 Internet 技术的兴起，对 C/S 结构（客户机和服务器结构）的一种变化或者改进的结构。客户机上只需安装一个浏览器（browser），如 netse、eNavigator 或 internet explorer，服务器上安装 oracle、sybase 或 SQL server 等数据库。B/S 结构是建立在广域网之上的，有着广泛的适应范围，客户一般只需有操作系统和浏览器就可以在任何地方操作，并不需要安装专门的软件，特别是在当前软件系统的改进和升级越来越

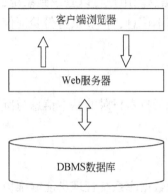

图 7-30　三层体系架构示意图

频繁的情况下，B/S 架构的产品明显体现出更方便的特性。无论用户的规模有多大、有多少分支机构都不会增加任何维护升级的工作量，所有的操作只需要针对服务器进行，而作为客户端，只需安装浏览器，浏览器通过 WWW 服务器同数据库进行数据交换。B/S 结构与 C/S 结构相比大大降低了维护成本，特别是当 Windows98 出现后，可将浏览器植入到操作系统中，因此 B/S 结构就更加成为当前应用软件的首选体系结构。

B/S 结构常常采用三层体系结构，如图 7-30 所示。

上述三层体系结构在层与层之间相互独立，任何一层的改变不会影响其他层的功能。相应的，一个 web 工程的开发也存在同样的三层逻辑结构：①数据访问层。实现对数据的访问功能，如增、删、改、查数据。②业务逻辑层。实现业务的具体逻辑功能，如考生成绩管理等。③页面显示层。将业务功能在浏览器上清晰地显示出来，如分页显示技术信息。利用.NET技术实现的 Web 浏览器本身就具备多页面、可视化编程的特点，友好的界面有利于开发的人性化。

（2）.NET

.NET 是 Microsoft XML Web services 平台（图 7-31）。XML Web services 允许

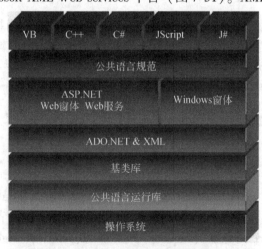

图 7-31　.NET 体系结构图

应用程序通过 Internet 进行通讯和数据共享,而不管所采用的是哪种操作系统、设备或编程语言。Microsoft. NET 平台提供创建 XML Web services 及集成服务。

7.5.3 系统功能实现

行业节能减排数据库的系统用户分为行业系统管理员和平台系统综合管理员两种。不同类型用户登录,具有的权限不同。例如,行业管理员登录后,系统显示数据维护和专家管理模块,如图7-32所示。

图 7-32 行业管理员登录界面

行业用户系统整体工作流程如下:①登录系统,在"数据维护"模块的"技术目录"下导入技术目录;②在"应用案例"模块下导入技术案例;③将导入的技术案例与技术相关联;④在"企业信息"模块中上传相应的企业原始调研资料;⑤在"专家管理"模块中添加行业专家。

平台系统综合管理员登录后,系统显示技术目录库、应用案例库、技术示范企业库、技术指南、专家管理和比选分析等模块,如图7-33所示。

综合管理员登录界面上方为系统横栏图片和欢迎栏;页面下方左侧为用户具有权限的模块,右侧为功能展示区;页面底部为系统的版本与技术支持信息。其中,系统欢迎栏显示当前登录用户名称、当前时间和帮助、退出功能按钮;功能展示区页面默认显示技术目录库管理-先进适用技术目录数据。

图 7-33　综合管理员登录界面

1. 行业系统管理员

1）技术目录模块的功能主要是将各行业技术目录中的技术导入到数据库中，如图 7-34 所示。

图 7-34　技术目录界面

在本模块下可实现以下功能：①编辑导入的每条技术信息，但行业和技术分类字段不能修改；②根据技术名称、所属行业、技术分类检索技术；③提供单条技术记录删除和批量删除技术功能。技术编辑界面如图 7-35 所示。

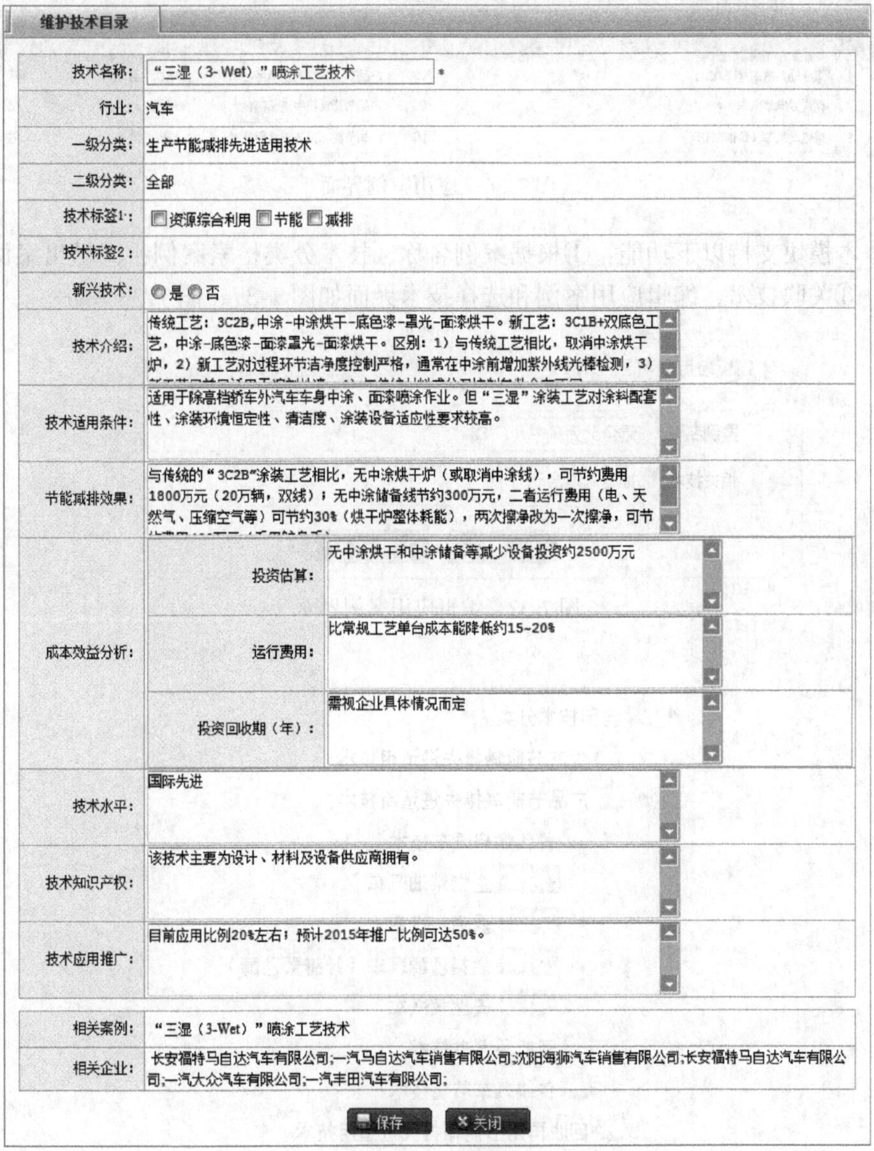

图 7-35　技术编辑界面

2）应用案例模块的主要功能是将技术应用案例导入到数据库中，如图 7-36 所示。

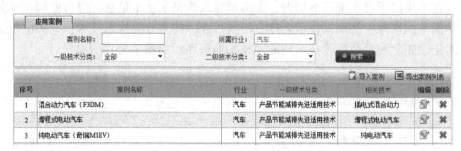

图 7-36　应用案例界面

本模块支持以下功能：①根据案例名称、技术分类检索案例；②导出案例列表；③关联技术，编辑应用案例和选择技术界面如图 7-37、图 7-38 所示。

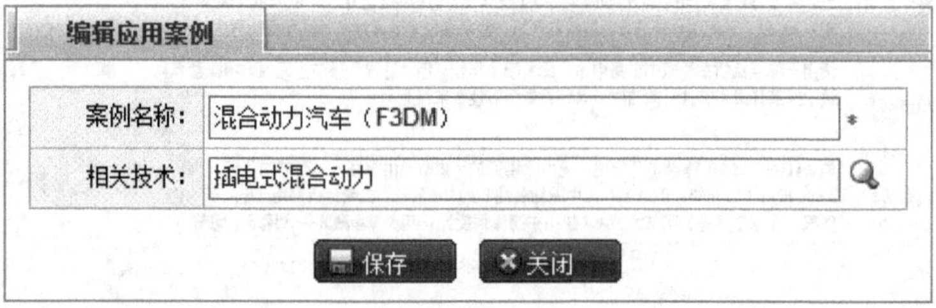

图 7-37　编辑应用案例界面

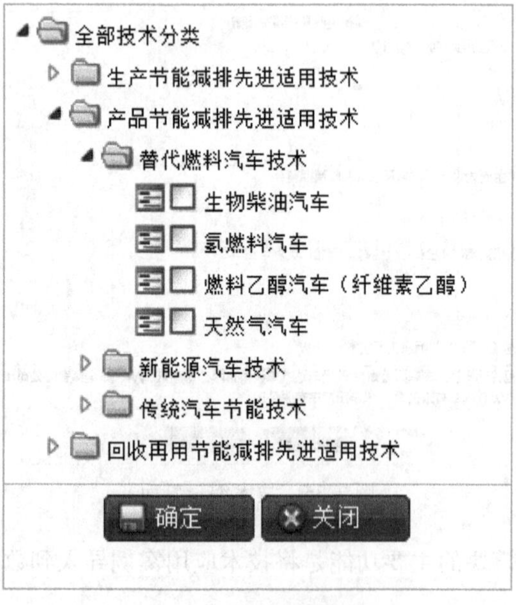

图 7-38　选择技术界面

3）企业信息模块支持以下操作：①从案例中直接导入企业，通过企业查看该企业案例情况；②新增企业，如图 7-39 所示；③通过企业名称或技术名称模糊检索企业。

图 7-39　新增企业界面

4）专家管理模块显示已经添加的当前登录用户所属行业的专家列表。本模块支持对专家信息进行新增、编辑、发送邮件等操作。

2. 平台系统管理员

（1）统计分析

统计分析，可对数据库拥有的技术、应用案例、调研企业、行业专家的数量进行统计分析并以统计图的形式直观表示出来，如图 7-40 所示。

（2）技术目录库管理

技术目录库管理模块支持技术名称、所属行业、技术分类单一和组合查询，关键字查询支持精确和模糊查询（图 7-41）。同时，本模块还支持技术的相关案例浏览。

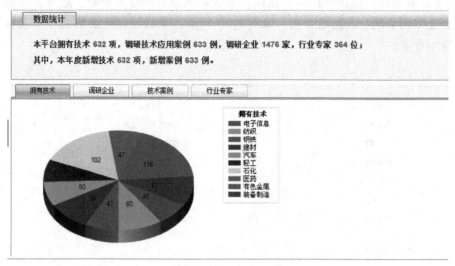

图 7-40　统计分析界面

图 7-41　技术目录库管理界面

(3) 应用案例库管理

应用案例库管理模块可支持以下操作：①案例名称、所属行业、技术分类单一和组合查询，关键字查询支持精确和模糊查询（图 7-42）；②案例的相关技术浏览。

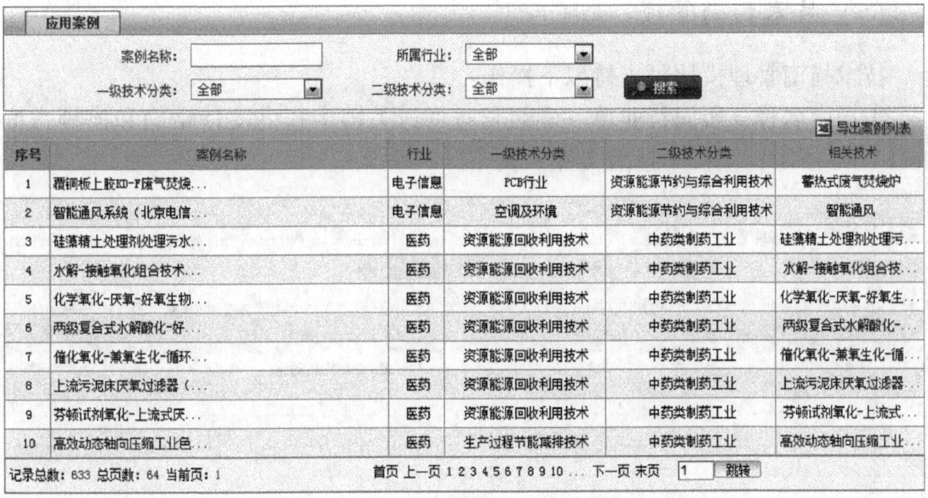

序号	案例名称	行业	一级技术分类	二级技术分类	相关技术
1	覆铜板上胶KO-F废气焚烧...	电子信息	PCB行业	资源能源节约与综合利用技术	蓄热式废气焚烧炉
2	智能通风系统（北京电信...	电子信息	空调及环境	资源能源节约与综合利用技术	智能通风
3	硅藻精土处理剂处理污水...	医药	资源能源回收利用技术	中药类制药工业	硅藻精土处理剂处理污...
4	水解-接触氧化组合技术...	医药	资源能源回收利用技术	中药类制药工业	水解-接触氧化组合技...
5	化学氧化-厌氧-好氧生物...	医药	资源能源回收利用技术	中药类制药工业	化学氧化-厌氧-好氧生...
6	两级复合式水解酸化-好...	医药	资源能源回收利用技术	中药类制药工业	两级复合式水解酸化-...
7	催化氧化-兼氧生化-循环...	医药	资源能源回收利用技术	中药类制药工业	催化氧化-兼氧生化-循...
8	上流污泥床厌氧过滤器（...	医药	资源能源回收利用技术	中药类制药工业	上流污泥床厌氧过滤器...
9	芬顿试剂氧化-上流式厌...	医药	资源能源回收利用技术	中药类制药工业	芬顿试剂氧化-上流式...
10	高效动态轴向压缩工业色...	医药	生产过程节能减排技术	中药类制药工业	高效动态轴向压缩工业...

图 7-42　应用案例管理界面

(4) 技术示范企业库管理

技术示范企业库管理模块可支持以下操作：

①企业名称、所属行业、相关技术单一和组合查询，关键字查询支持精确和模糊查询，如图 7-43 所示；②案例的相关技术浏览；③以 Excel 表形式导出企业信息。

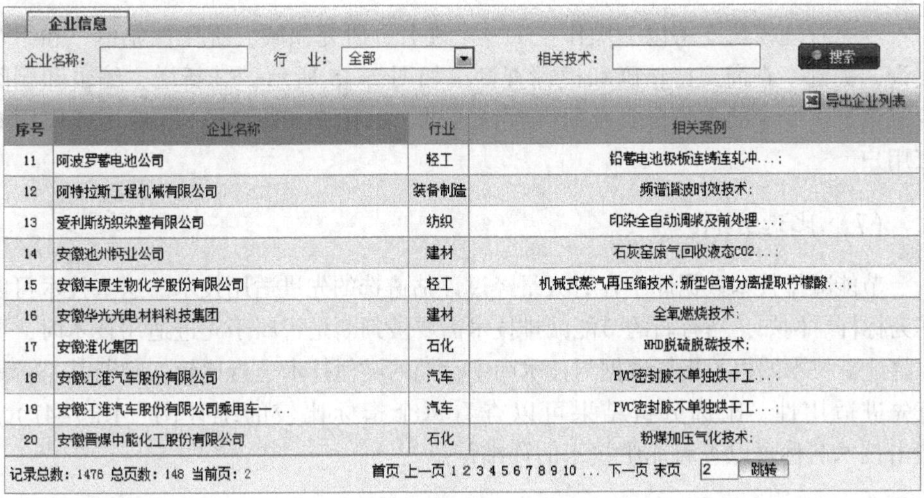

序号	企业名称	行业	相关案例
11	阿波罗蓄电池公司	轻工	铅蓄电池极板连铸连轧冲...;
12	阿特拉斯工程机械有限公司	装备制造	频谱谐波时效技术;
13	爱利斯纺织染整有限公司	纺织	印染全自动调浆及前处理...;
14	安徽池州铧业公司	建材	石灰窑废气回收液态CO2...;
15	安徽丰原生物化学股份有限公司	轻工	机械式蒸汽再压缩技术; 新型色谱分离提取柠檬酸...;
16	安徽华光光电材料科技集团	建材	全氧燃烧技术;
17	安徽淮化集团	石化	NHD脱硫脱碳技术;
18	安徽江淮汽车股份有限公司	汽车	PVC密封胶不单独烘干工...;
19	安徽江淮汽车股份有限公司乘用车一...	汽车	PVC密封胶不单独烘干工...;
20	安徽晋煤中能化工股份有限公司	石化	粉煤加压气化技术;

图 7-43　技术示范企业库管理界面

（5）技术指南管理

技术指南管理模块可支持以下操作：

①指南名称、所属行业单一和组合查询，关键字查询支持精确和模糊查询，如图7-44所示；②技术指南文件下载。

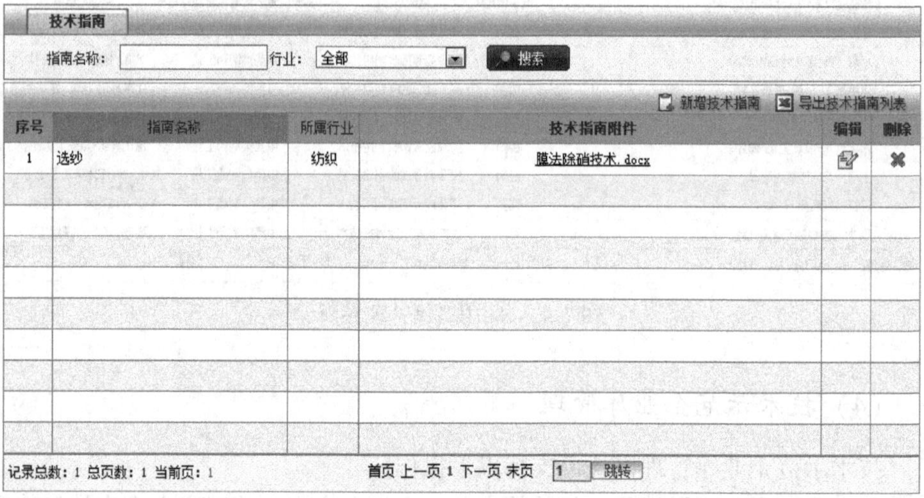

图7-44　技术指南管理界面

（6）专家管理

专家管理模块支持以下操作：①专家姓名、研究领域、所在行业单一和组合查询，关键字查询支持精确和模糊查询，如图7-45所示；②新增、编辑和删除专家信息，专家的单位分类及研究领域可选，如图7-46所示；③启用或停用专家用户。

（7）比选分析

节能减排技术数据库中存有大量经过评估遴选的先进适用技术。这些技术可以作为标杆。例如，当有新的节能减排技术需要被判断是否属于先进适用技术时，可以将这一技术的相关指标数据与技术库中存储的类似技术进行比较，判断其是否具有先进适用性。比选分析结果可以查看每个指标比较的统计图（图7-47），点击技术名称可以查看库中技术的详细信息。

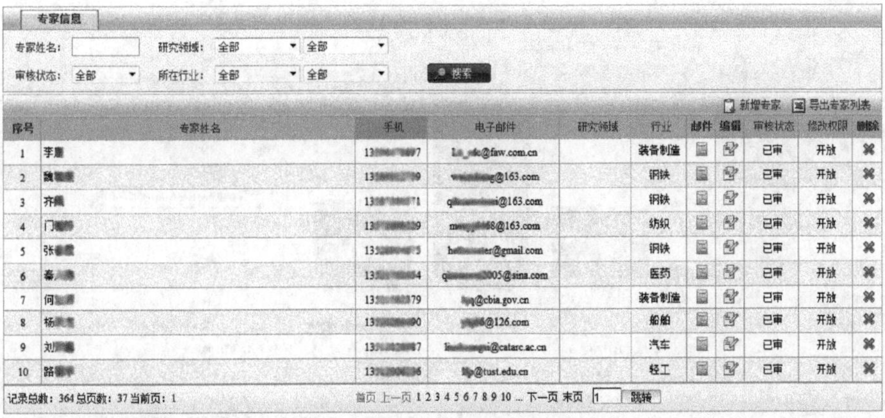

图 7-45 专家管理界面

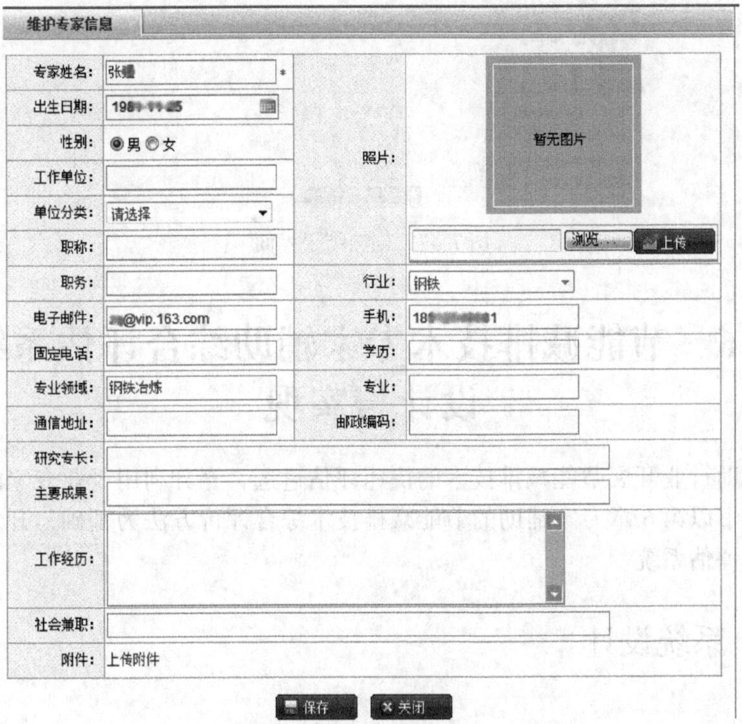

图 7-46 新增专家界面

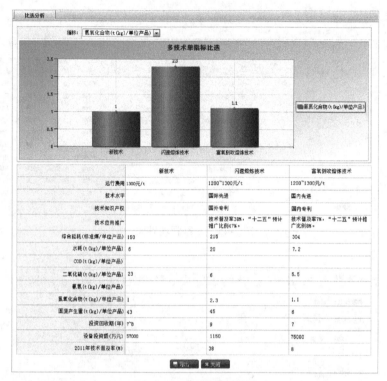

图 7-47 比选结果界面

7.6 节能减排技术专家辅助综合评估系统设计与实现

为辅助行业开展节能减排技术的快速评估遴选，充分利用行业专家的知识和经验，本书以第 6 章专家辅助的节能减排技术综合评价方法为基础，开发了专家辅助综合评估系统。

7.6.1 系统设计

1. 系统框架

行业节能减排技术专家辅助综合评估系统的总体功能框架如图 7-48 所示，软件包括 6 部分：技术信息设置、评价指标设置、指标重要性评估、定量数据录入、定性指标评估、评估结果。

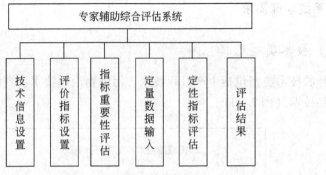

图 7-48　系统总体框架图

2. 技术评价流程

技术评价流程共有 6 步，分别为技术类型选择、用户设置评价指标、重要性评价、评价技术及定量指标的录入、定性指标评价和综合评价结果（图 7-49）。

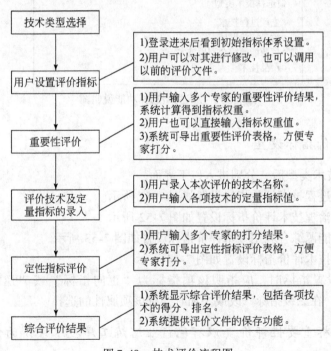

图 7-49　技术评价流程图

3. 系统功能需求

（1）技术类型选择

选择的技术类型包括生产过程技术、污染物治理技术、资源能源综合利用技术、产品技术（图7-50）。

节能减排技术多属性评价系统
v1.0

说明:
本软件为行业课题开展节能减排技术评估提供多属性评估方法工具。

技术支持:xxx, 电话

请选择技术类型:
○生产过程技术
○污染物治理技术
○资源能源综合利用技术
○产品技术

图7-50 技术类型选择功能说明图

（2）评价指标设置

在选择技术类型后，分别进入以下界面。

1）生产过程技术评价指标设置如图7-51所示。

2）污染治理技术评价指标设置如图7-52所示。

3）资源能源综合利用技术评价指标设置如图7-53所示。

4）产品技术评价指标设置如图7-54所示。

用户在设置指标时，应指明该项指标为"正向指标"或"逆向指标"或"定性指标"；在二级指标修改或添加时，有该项属性的选择。

（3）指标重要性评价（以有色行业熔炼工序技术评价为例）

A. 专家重要性判断

假设用户已经对评价指标进行了设置，那么可在界面中设计以下表格（表7-7），每个专家的打分结果录入一张表，进而计算得到最终的指标权重。

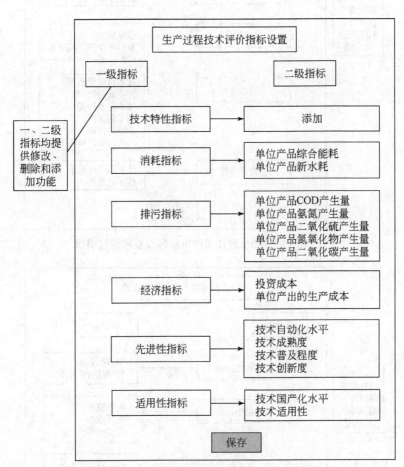

图 7-51 生产过程技术评价指标设置功能说明图

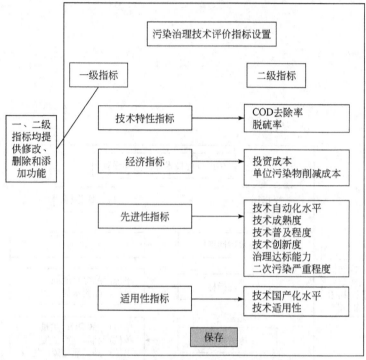

图 7-52 污染物治理技术评价指标设置功能说明图

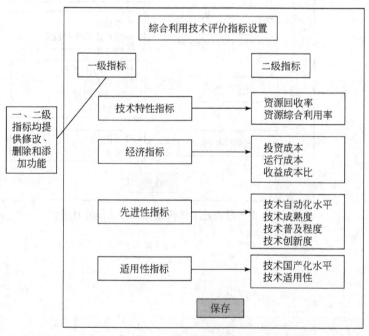

图 7-53 综合利用技术评价指标设置功能说明图

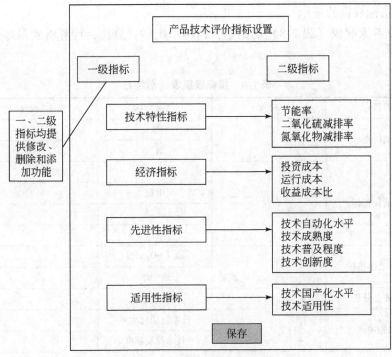

图 7-54　产品技术评价指标设置功能说明图

表 7-7　指标重要性打分表（示例）

一级指标	重要性得分	二级指标	重要性得分
资源消耗指标	①②③④⑤	铜精矿	①②③④⑤
		氧气	①②③④⑤
能源消耗指标	①②③④⑤	综合能耗	①②③④⑤
		电耗	①②③④⑤
		水耗	①②③④⑤
		蒸汽	①②③④⑤
大气污染物指标	① ② ③ ④ ⑤	烟气 SO_2 浓度	①②③④⑤
		烟尘率	①②③④⑤
成本效益分析	①②③④⑤	投资成本	①②③④⑤
技术先进性	①②③④⑤	技术自动化水平	①②③④⑤
		技术普及程度	①②③④⑤
技术适用性	①②③④⑤	技术推广应用前景	①②③④⑤
		技术国产化水平	①②③④⑤

B. 指标权重的显示

根据专家赋权（表7-8）的结果，运用系统后台算法，计算得到最终的指标权重。

表7-8　指标权重表（示例）

一级指标	权重	二级指标	权重
资源消耗指标		铜精矿	
		氧气	
能源消耗指标		综合能耗	
		电耗	
		水耗	
		蒸汽	
大气污染物指标		烟气 SO_2 浓度	
		烟尘率	
成本效益分析		投资成本	
技术先进性		技术自动化水平	
		技术普及程度	
技术适用性		技术推广应用前景	
		技术国产化水平	

（4）定量指标数据填写界面（以有色行业熔炼工序技术评价为例）

用户根据调研结果，填写参评技术的名称及其定量指标的数值（表7-9）。

表7-9　定量指标数据表（示例）

参评技术	铜精矿	氧气	综合能耗	电耗	……
闪速熔炼技术					……
艾萨熔炼技术/奥斯迈特熔炼技术					……
氧气底吹熔炼技术					……
富氧侧吹熔池熔炼技术					……

（5）定性指标打分界面（以有色行业熔炼工序技术评价为例）

参评技术"定性指标打分界面"（表7-10）与"定量指标数据填写界面"所填写的一致，每位专家的打分结果单独录入。

表 7-10 技术定性指标打分表 （示例）

参评技术	技术自动化水平 反映技术的先进智能程度和操作简便度，水平从①~⑤依次递增	技术普及程度 反映技术在国内的应用普及情况，程度从①~⑤依次递增	技术推广应用前景 反映技术的适用范围和推广应用程度，前景从①~⑤依次递增	技术国产化水平 反映技术相关设备、材料的国内自给率，水平从①~⑤依次递增
闪速熔炼技术	①②③④⑤	①②③④⑤	①②③④⑤	①②③④⑤
艾萨熔炼技术/奥斯迈特熔炼技术	①②③④⑤	①②③④⑤	①②③④⑤	①②③④⑤
氧气底吹熔炼技术	①②③④⑤	①②③④⑤	①②③④⑤	①②③④⑤
富氧侧吹熔池熔炼技术	①②③④⑤	①②③④⑤	①②③④⑤	①②③④⑤

（6）结果显示界面

根据前面输入的信息，计算出各项技术的综合得分并排序（表 7-11）。

表 7-11 技术评价得分 （示例）

参评技术	综合得分	排名
闪速熔炼技术		
艾萨熔炼技术/奥斯迈特熔炼技术		
氧气底吹熔炼技术		
富氧侧吹熔池熔炼技术		

（7）其他需求

此评价过程需要保存为指定文件，以便在其他电脑上调用。

7.6.2 系统功能实现

该系统为行业开展节能减排技术遴选、评估提供了专家辅助工具。系统主要实现录入技术基本信息、设置评价指标，在评估指标设置中对正向和逆向指标需要输入定量数据。生成的指标重要性评估表可由专家在线进行打分，也可将评估表导出打印，让专家在现场对其进行打分。生成的指标权重表可查看所有专家进行打分的指标权重情况。由于评估指标设置中的属性不同，可有针对性地对指标数据进行评估。根据专家的评估，计算得出综合评估结果。自动按照评估数据进行排序并可将其内容导出存档。

1. 技术基本信息

技术基本信息模块（图7-55）主要功能包括设置待评估技术所在节点名称、待评估技术所属的技术类型和添加待评估技术名称等。

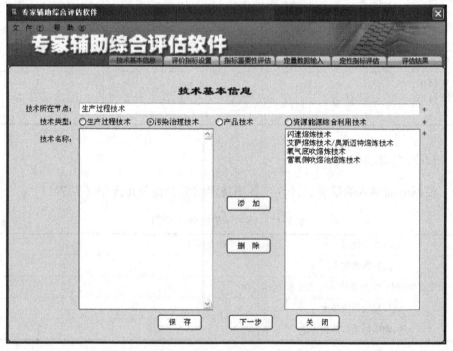

图 7-55　技术基本信息页面

在技术所在节点录入的数据将显示在各个模块的标题中。可选择的技术类型包括生产过程技术、污染治理技术、产品技术与资源能源综合利用技术。

在技术名称的左侧框中填写数据，点击"添加"按钮，左侧的数据将被转移到右侧框中，实现添加技术名称的功能。另外，在左侧框的文字中输入有回车符时，执行添加操作，多个技术名称的数据可同时添加。右侧框中显示的为所有添加成功的技术名称数据，这些数据将在指标重要性评估的模块中，作为专家给技术指标评分的数据项。

2. 评价指标设置

评价指标设置模块（图7-56）主要包括设置技术评价的指标体系、添加一级和二级指标数据的功能。

图 7-56 评价指标设置页面

3. 指标重要性评估

图7-57为评价指标重要性评估界面。评价指标重要性（即权重）评估模块包括为选择一级和二级指标重要性，确定相应指标权重；以及导出该指标重要性评估表，用于专家现场打分等功能。该评估表可由多个专家进行打分，经软件加工处理后，生成并可查看指标权重表。

1）利用"导出指标重要性评估表"功能导出指标重要性评估表格，将表格提供给专家以供现场评分使用。

2）点击"新增专家评估表"按钮，右侧专家姓名等信息和表中的分数将被清空，可直接录入专家姓名等数据，并对一级和二级指标的重要性进行打分。

3）点击"专家评估结果"数据框中的专家姓名，可查看该专家对指标的评分情况。选中"专家评估结果"框中需要删除的专家姓名，点击"删除专家评

图 7-57　评价指标重要性评估界面

估表"的功能按钮，可删除该专家的评分信息。

4）利用"导出指标权重结果"功能，可导出指标权重结果的文档。

5）专家评分后，点击"指标权重结果"按钮，可查看所有专家评估的各指标的权重情况。

4. 定量数据输入

当"评价指标设置"中的一级和二级指标的属性为正向或逆向指标时，则需要在该模块中输入定量数据，如图 7-58 所示。

5. 定性指标评估

在"评价指标设置"中，当一级和二级指标的属性为定性指标时，则专家需在该模块中对定性指标进行评估打分。用户可利用软件导出该定性指标评估表，用于专家现场打分。该评估表可由多个专家进行打分，通过软件对各专家打分结果进行加工处理后，得到定性指标综合评分值。图 7-59 为定性指标评估界面。

图 7-58　定量数据录入界面

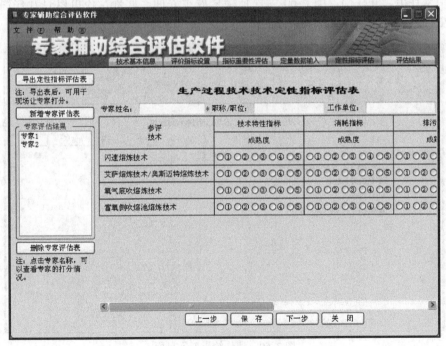

图 7-59　定性指标评估界面

（1）导出定性指标评估表

通过"导出定性指标评估表"功能可实现导出定性指标评估表功能，该表格主要是提供给专家以供其现场评分使用。

（2）新增专家评估表

利用"新增专家评估表"功能，可直接录入专家姓名等信息，并对一级和二级指标的定性指标进行打分。点击"专家评估结果"信息框中的专家姓名，可查看该专家对指标的评分。

（3）删除专家评估表

选中"专家评估结果"框中需要删除的专家姓名，可删除该专家的评分信息。

6. 评估结果

根据专家对各个指标的评估打分，在评估结果页面中会生成各技术名称及其总得分。以此为依据，按分值对待评的节能减排技术进行排序。最后，将技术评估结果导出，并存档。图 7-60 为评估结果展示界面。此外，还可以打开存档的历史评估文件，以参考历史评估过程。

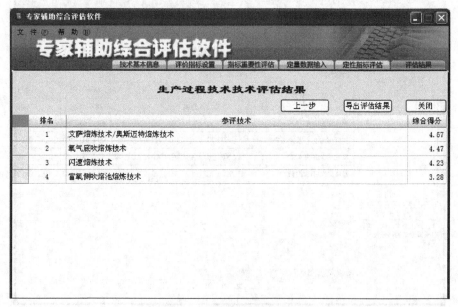

图 7-60　评估结果展示界面

7.7 节能减排技术成本效益分析评估软件

7.7.1 技术成本效益分析评估总体框架

成本效益分析评估是基本的节能减排技术评估方法，本书针对该方法在环境外部性成本和效益量化的核算方法困难等问题，通过研究不同节能减排技术的成本、效益构成，对节能减排技术评估效果进行衡量，计算了同类技术的技术经济性，拓展了成本效益分析评估的应用范围，提出了科学的可量化的节能减排技术成本效益评估方法，并开发了软件工具。图 7-61 为节能减排技术成本效益分析评估软件总体架构图。

图 7-61　节能减排技术成本效益分析评估软件总体架构

本书在第 5 章的成本效益分析评估方法研究的基础上，开发了界面友好、使用简便的技术成本效益分析评估软件。该软件主要由输入模块、算法模块和输出模块三部分构成。

7.7.2 功能需求

节能减排技术的成本效益分析评估是一种判定技术经济可行性优劣程度的定量评估方法，其分析结果可作为技术多属性评估方法的一项指标，也可直接作为技术遴选的标准，具体视备选技术数量和技术特点而定。

该软件是技术成本效益分析评估的一项计算工具，其操作步骤如下：①录入技术投资、消耗、排放、管理维护等相关参数，计算技术的年度成本；②录入技术产出、节能、减排等相关参数，计算技术的年度效益；③根据不同类型技术的需要，选择相应的成本效益指标，进行计算并排序。

1. 输入模块

输入模块主要包含技术评估中需要录入的技术数据，分为成本相关数据和效益相关数据。

(1) 成本相关数据

成本相关数据包括投资成本、运行成本、管理维护成本和环境成本 4 个部分，具体计算参数见表 7-12。其中，投资成本、运行成本和管理维护成本可以通过调研直接获取，也可通过输入详细的技术参数进行计算，具体视调研结果而定。对于环境成本企业一般不会核算，因此难以通过调研直接获取，需要通过收集相应的技术参数进行计算。

表 7-12　技术成本相关参数汇总

成本类型	代码	具体参数	代码	具体参数	代码
投资成本	C^t	设备投资	C^{ft}	设备使用寿命	N
		基建费用	C^{ct}	利率	R
运行成本	C^o	原辅料年度消耗量	X_j	原辅料价格	P_j^X
		能源年度消耗量	Y_j	能源价格	P_j^Y
管理维护成本	C^m	工人数量	N^L	工人年平均工资	P^L
		年均维护费用	C^{wm}		
环境成本	C^e	污染物年度产生量	E_j	单位污染物治理成本	P_j^E
		污染物排放标准	E_j^e	污染物的污染当量值	∂_j
		排污收费系数	μ		

(2) 效益相关数据

效益相关数据包含了节能效益、减排效益和副产品收益 3 个部分。不同技术类型的效益计算方法不同，分别见表 7-13、表 7-14 和表 7-15。不同技术的效益考量有不同的侧重。例如，生产技术关注节能效益和减排效益；综合利用技术关注技术带来的货币化收益，其节省、减排和副产品的收益均需考虑在内；污染治理技术主要关注减排效益。其中，能源折标煤系数 (φ_j)、污染当量值 (∂_j)、排污收费系数 μ、投入品的产污系数 (β_{jk}) 为固定值，可在软件中提前设定，无须评估人员输入。

表 7-13　生产技术效益相关数据参数汇总

效益类型	代码	具体参数	代码	具体参数	代码
节能效益	S^N	所评估技术的能源消耗量	Y_{ij}	能源的折标系数	φ_j
		基准技术的能源消耗量	Y_{1j}	所评估技术的产出	Q_i
减排效益	D	所评估技术的污染物产生量	E_{ij}	基准技术的产出	Q_1
		基准技术的污染物产生量	E_{1j}	污染当量值	∂_j

表 7-14　资源能源节约与综合利用技术效益相关数据参数汇总

效益类型	代码	具体参数	代码	具体参数	代码
节省收益	B^s	所节省的投入品量	S_j	投入品价格	P_j
减排收益	B^d	所省的投入品量	S_j	投入品的产污系数	β_{jk}
		排污收费系数	μ	污染当量值	∂_k
副产品收益	B^q	副产品产量	Q_j	副产品价格	P_j^q

表 7-15　污染治理技术效益相关数据参数汇总

效益类型	代码	具体参数	代码	具体参数	代码
减排效益 （废水、废气）	D	污染物进口浓度	g_j^{in}	技术年运行时间	n
		污染物出口浓度	g_j^{our}	技术的处理规模	G
		污染物当量值	∂_j		
减排效益（固废）	D	固废处置量	D_j		

2. 输出模块

输出模块包含输出各项成本效益评估指标和根据相应指标对技术进行排序两项功能。不同技术类型的评估指标略有差异，表 7-16 为技术成本效益评估指标汇总表。

表 7-16　技术成本效益评估指标汇总

技术类型	评估指标		代码
生产技术	成本效果比	技术成本/技术产出	C/Q
		节能成本/节能效益	C^s/S^N
		减排成本/减排效益	C^d/D

续表

技术类型	评估指标	代码
资源能源节约 与综合利用技术	收益成本比（技术收益/技术成本）	*B/C*
	净收益	NB
	投资回收期	PP
污染治理技术	成本效果比（技术成本/减排量）	*C/D*
	收益成本比（减排收益/技术成本）	*B/C*
	净收益	NB
	投资回收期	PP

　　在对多个技术进行成本效益评估之后，需要对技术成本效益进行比较和排序。由于存在多个评估指标，在排序的时候可依照某个具体指标进行排序（表7-17）。需要说明的是，成本效益分析评估软件的主要功能是计算各项技术的成本效益方面的评估指标，从而为技术的最终遴选提供技术在经济可行方面的数据信息。不同决策者对评估指标的偏好不一样，有的偏好用净收益来评估技术在经济方面的优劣，有的更注重投资回收期等。因此，本软件只客观提供各项评估指标的数值，技术最终遴选由基于多属性评价方法的技术遴选系统去完成。

表 7-17　生产技术成本效益评估结果

技术名称	技术成本/技术产出	节能成本/节能效益	减排成本/减排效益
技术 1	100	50	14
技术 2	105	48	23
……	…	…	…

注：点击相应指标，可按从小到大或从大到小排序。

7.7.3　成本效益分析评估软件工具开发

　　节能减排技术成本效益分析评估方法是比较常用的技术经济性分析方法，为简化评估过程，方便技术评估计算，开发了成本效益评估软件工具。成本效益分析评估软件界面如图7-62、图7-63所示。

　　通过系统分析节能减排技术不同技术类型关注的成本和效益指标，本书设计开发了三类技术对应的成本效益分析评估方法软件计算界面，通过输入相应的技术经济指标，即可得到技术的成本效益评估结果。

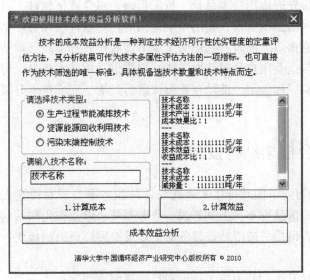

图 7-62 成本效益分析评估软件界面

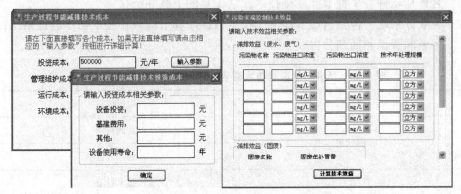

图 7-63 技术成本效益参数输入界面

根据技术类型，选择生产过程节能减排技术、资源能源回收利用技术、污染末端治理技术，输入对应的指标及调研数据，即可计算相应的技术成本和技术效益，最终计算得到技术的成本效益综合评估结果。

7.8 行业节能减排技术遴选与评估服务平台设计与实现

节能减排技术遴选与评估服务平台集成了本书的主要研究成果，包括 11 个行业的节能减排先进适用技术目录、技术指南、综合评估软件，可以通过系统进行相关行业技术信息的查询，利用系统提供的初筛软件和综合评估工具开展行业节能减排技术遴选等。同时，它还为工业节能减排管理部门管理节能减排先进适用技术，行业与企业用户及时获取节能减排先进适用技术信息，促进节能减排先进适用技术的推广和应用、推动企业淘汰落后产能、完成技术升级改造提供信息服务支撑。

7.8.1 平台框架结构设计

表7-18为行业节能减排技术遴选与评估服务平台栏目设置表，具体包括四大块栏目：技术信息发布、工具下载、业务系统，以及作为网站的新闻频道的新闻资讯。新闻资讯是一般网站都具备的，是反映网站活力的板块。网站具体栏目设置为：

- 技术信息发布，分为技术目录和技术指南两部分；
- 工具下载。提供包括生命周期评估模型、成本效益分析评估模型、专家辅助综合评估软件等3种节能减排技术评估工具的下载和链接；
- 业务系统，包括行业节能减排技术数据库和节能减排技术初步遴选系统；
- 新闻资讯和通知公告。

表 7-18 行业节能减排技术遴选与评估服务平台栏目设置表

一级栏目	二级栏目
新闻频道	新闻资讯
	通知公告
技术信息发布	技术目录
	技术指南
工具下载	生命周期评估模型
	成本效益分析评估模型
	专家辅助综合评估软件
业务系统	行业节能减排技术数据库
	节能减排技术初步遴选系统

7.8.2 系统的功能实现

如图7-64所示,行业节能减排技术遴选与评估服务平台首页分为新闻资讯、通知公告、技术目录、技术指南、工具下载和申报入口等栏目。

图7-64 行业节能减排技术遴选与评估服务平台首页

1. 新闻资讯

新闻资讯管理模块(图7-65)是将网页上的某些经常变动的信息,如网站新闻、业界动态等集中管理,通过简单的操作加入数据库,发布到网站上的一套系统。新闻资讯管理模块减轻了网站更新维护的工作量,加快了信息的传播速度，使网站时刻保持着活力和影响力。其特点如下：①支持图文格式，每条新闻可配上图片，并选择图片与文字的显示方式；②发布新闻时，管理员可根据新闻的重要性，指定新闻是否属于热点新闻；③支持各种风格的新闻显示样式，可定制个性化新闻模板；④提供各种统计方式，帮助分析新闻浏览情况；⑤提供HTML编辑器，新闻图片的数量和放置位置不受限制，并且可方便地像编辑WORD文档那样编辑新闻内容的字体、颜色等；⑥提供UBB编辑器，新闻中可进一步插入多媒体（FLASH、视频文件、音频文件）的内容。

图 7-65　新闻资讯管理模块

图 7-66 为新闻资讯前台展示页面，新闻资讯栏目是平台所有栏目中更新最快的栏目，用以吸引固定公众用户。

2. 通知公告

图 7-67 为通知公告页面，其展示的是最新发布的公告。

3. 工具下载

平台为行业用户开展节能减排技术专家评估遴选工作提供了生命周期评估模型、成本效益分析评估模型、专家辅助综合评估软件等三种节能减排技术评估工具。

图 7-66 新闻资讯前台展示页面

通知公告

+MORE+

‣ 国务院关于印发国家环境保护"十二五"规划的通知

‣ 2012年颁发农药产品生产批准证书名单（第一批）

‣ 关于组织申报2012年节能技术改造财政奖励备选项目的通知

‣ 关于废止《关于〈新化学物质环境管理办法〉生效前已在国内生产使用的化学物质列入〈已在中国境内生产或者进口的化学物

‣ 环境保护部2012年度招录公务员及参公管理单位人员工作开始

‣ 关于批准释放秦山第二核电厂四号机组首次临界控制点的通知

‣ 关于给予苏州高中压阀门厂有限公司通报批评的通知

‣ 关于暂缓审批彩虹（张家港）光伏有限公司光伏玻璃生产线项目环境影响报告书的通知

图 7-67 通知公告页面

4. 技术目录

图 7-68 为技术目录栏目页面。通过该栏目，用户可以浏览服务平台发布的节能减排先进适用技术。

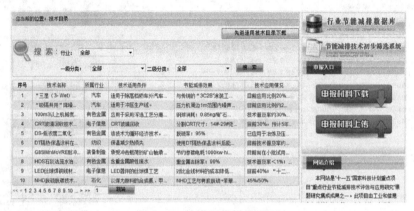

图 7-68　技术目录栏目页面

5. 技术指南

在技术指南栏目中，行业与企业用户可以下载行业节能减排先进适用技术指南（图 7-69）。

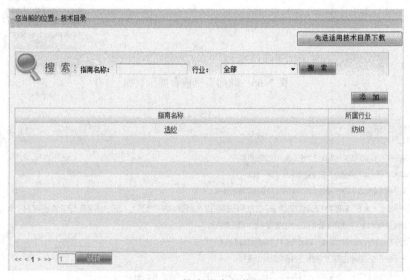

图 7-69　技术指南下载界面

第8章　结论与展望

8.1　结　　论

本书重点介绍了我国行业节能减排先进适用技术遴选评估工作的进展、技术评估方法及其应用。通过开发计算机系统和数据库,辅助开展技术评估和先进技术的推广应用。这些方法、工具和手段在我国 11 个重点行业的节能减排技术遴选评估实践中得到了成功应用,并由国家工信部、科技部和财政部发文给予推广,由此建立了我国行业节能减排技术遴选评估的长效机制。这为企业选择先进适用节能减排技术提供了服务平台,也为政府促进行业节能减排技术进步、制定技术推广应用政策提供了科技支撑。

8.1.1　构建标准化节能减排技术分类及评估指标体系是技术评估的基础

本书根据不同行业产品和工艺结构的特点,将工业行业划分为流程型、离散型和混合型。在此基础上,针对这三种类型行业特点和节能减排技术需求,综合考虑了产品生产、使用、废弃、再利用全过程,提出了生产过程节能减排技术、资源能源回收利用技术、污染物治理技术与产品节能减排技术 4 类关键技术,并建立了典型行业的节能减排技术分类。根据技术分类,提出了包含资源能源消耗、资源能源节约与综合利用、污染物排放、经济成本和技术特性等多个维度的评估指标体系。节能减排技术分类与评估指标体系的建立,使得节能减排技术信息收集、存储与管理的标准化与规范化成为可能,这也为我国行业节能减排技术的遴选、评价与管理奠定了科学基础。

8.1.2　行业技术系统的复杂性要求多样化的综合评估方法

由于各行业技术指标的属性差异较大,不同技术指标数据收集的难易程度不同,因此技术评估方法要适应各行业的技术特点,由此开发了多属性综合评估、生命周期评价、成本效益分析和专家辅助综合评估四种量化评估方法。这四种方法可以根据流程型、离散型和混合型行业节能减排技术差异化的评价需求，灵活选用或组合使用。这四种方法兼顾了技术的能源、环境、经济等多重属性，均可得到量化的综合评估结论，减少了评价过程的主观随意性。开发形成的计算机软件工具或拓展的软件功能可以使评估过程更加便捷、高效。

8.1.3 规范化的遴选评估程序和成果发布是推进技术推广应用的有力手段

本书提出了适合工业节能减排先进适用技术遴选和规范化评估流程的集成方法。该方法集成了节能减排技术分类与评估指标体系构建方法、技术调研方法和技术定量化评估方法，在11个重点行业技术遴选与评估中得到了应用验证，改变了行业节能减排技术零散、体系不完善的现状，使行业从依赖专家主观评议的技术遴选评估方式转变为定量与定性相结合的遴选评估，为行业节能减排技术遴选与评估提供了规范化的技术支撑。同时，针对节能减排先进适用技术评估结果的发布形式，设计并提出了相配套的《节能减排先进适用技术目录》《节能减排先进适用技术指南》和《节能减排先进适用技术应用案例》规范（附件2），这为各行业开展节能减排技术推广应用、编制指导性文件提供了技术规范。

8.2 展　望

技术选择和评估是企业在新建项目和节能减排改造中的必要过程，随着我国行业节能减排工作的持续深入，技术进步对节能减排的支撑作用日益凸显。对企业来说，技术的遴选评估不仅仅局限于原来的技术可行性和经济性，还应将环保、社会、能效等效益考虑在内。这使得节能减排的技术遴选评估变得更加复杂，但也有利于形成对技术的客观、全面和科学认识，同时也扩大了对节能减排技术评估方法和工具的需求。对政府和管理部门来说，技术政策的制定需要科学、规范、量化的方法和数据来支撑，以此加强技术政策的针对性和有效性。未来节能减排技术评估和管理工作的重点将体现在以下3个方面。

8.2.1 技术评估和管理工作从分散无序向系统通用方法体系转变

虽然我国的节能减排技术管理已经做了大量工作，但仍处于分散、无序状态。各部门从各自职能需求出发，其侧重点不同，使得各类技术目录、清单之间的协调性得不到保证。由于缺乏系统科学的编制原则和技术遴选评估方法及规范，加之所提供的节能减排技术信息也不尽相同，导致全国节能减排技术评价、推广、应用等出现重复、混乱局面。同时也给企业判断技术适用性、采纳节能减排技术带来了困难，影响了节能减排先进适用技术的推广应用。随着我国节能减排技术遴选评估方法学的不断完善和拓展，已经逐步弥补了过去我国节能减排技术评估工作中缺乏科学规范、定量化方法指导的缺陷，为行业节能减排技术推广应用目录的制定提供了有效的技术支撑。通过这种全面、系统、规范的技术遴选流程制定的节能减排技术目录，可以为企业的节能减排工作提供充分有效的技术信息，从而真正地降低企业在技术选择上的成本，提高全行业节能减排的经济效益。节能减排先进适用技术评估方法将趋于系统化、综合化和多目标化，克服单一评估方法和工具的局限性，以及单纯依靠专家经验判断的随意性、主观性和不确定性，不断提高评估结论的严谨性和可靠性，从而保证节能减排技术目录、技术政策的科学性和有效性。

8.2.2　开展节能减排技术系统的普查和定期数据更新

在国家自然科学基金委、国家科技支撑计划项目的支持下，清华大学项目组已初步建立了钢铁、建材、石化等 11 个行业"原料-工艺-技术-产品"耦合的节能减排技术体系，这为开展行业节能减排技术调研和评估提供了较好的工作基础。同时，在此基础上搭建的节能减排技术遴选评估服务平台及构建的先进适用技术数据库也为后续制定技术政策、管理政策及开展节能减排潜力和路径分析奠定了关键基础。但随着节能减排技术创新的加速，已有行业技术体系需要及时的技术维护和升级，对应的技术参数也应随着变化不断更新。在开展行业节能减排技术评估方法应用过程中发现，由于企业统计数据不全，很多中小型企业对单项技术的能耗指标、污染物排放指标等没有监测和统计，这导致很多技术数据不能够完整获取，给技术遴选评估带来一定困难。本书建议建立持续动态更新的行业技术系统，加强对典型样本企业技术层面的数据统计和监测管理，这对今后节能减排的技术改造和管理工作具有重要意义。

8.2.3　运用信息技术和系统软件提高技术评估服务水平

智能计算机软件和信息化的发展，为节能减排技术遴选评估提供了便捷高效的工具，同时未来技术遴选评估可利用信息化获得大量的信息和技术数据，从而进一步提高技术遴选评估的透明度和高效率。另外，通过标准化、规范化和定量化软件工具，可以将复杂的计算方法和烦琐的步骤进行集成和简化，使得评估工作流程化、快捷简便，从而便于推广和更好的辅助决策。工业节能减排技术遴选评估软件及信息化服务平台可以作为企业获取节能减排先进适用技术的可靠渠道，其增加了信息获取的便捷性、及时性和有效性，同时也是政府和企业节能减排相关信息沟通和交流的平台，持续发布和动态更新技术信息及相关技术政策，并通过互动反馈激励，推动节能减排工作的不断深入，建立起节能减排技术管理的长效机制。

参 考 文 献

陈善平．湿法脱酸工艺应用于垃圾焚烧的适应性和经济性研究．环境工程，2010，28（S1）：226-229．

崔和瑞，艾宁．秸秆气化发电系统的生命周期评价研究．技术经济，2010，11：70-74．

戴宏民，戴佩华．生命周期评价数据收集及清单分析研究．重庆工商大学学报（自然科学版），2003，（3）：1-3．

董珂，赵昕哲，闫志海，等．垃圾焚烧发电烟气中的酸性气体净化工艺．制冷与空调，2008，6：73-75．

高斌，江霜英．利用生命周期评价方法分析上海市某区生活垃圾处理的温室气体排放．四川环境，2011，8：92-97．

侯萍，王洪涛，朱永光，等．中国资源能源稀缺度因子及其在 LCA 中的应用．自然资源学报．2012（7）．

胡新涛，朱建新，丁琼．基于 LCA 的 POPs 污染场地修复技术的评价．持久性有机污染物论坛2010 暨第五届持久性有机污染物全国学术研讨会论文集．2010：277-278．

胡新涛，朱建新，丁琼．基于生命周期评价的多氯联苯污染场地修复技术的遴选．科学通报，2012，2：129-137．

胡志锋，马晓茜，梁增英．广州市生活垃圾处理工艺的生命周期评价．可再生能源，2012，12：106-112．

寒瑞欢，滕清，卜亚明，等．半干法+干法烟气脱酸组合工艺应用于生活垃圾焚烧工程案例分析．环境工程，2010，28（S1）：194-196．

李春山，谭心舜，项曙光，等．烟气脱硫过程对环境影响的生命周期评价．青岛化工学院学报，2002，6：5-8．

李军，严圣军，陈竹，等．符合欧盟2000标准的垃圾焚烧烟气处理工艺．发电设备，2012，11：453-460．

梁增英，马晓茜．选择性催化还原烟气脱硝技术的生命周期评价．中国电机工程学报，2009，6：63-69．

林昌梅．生活垃圾焚烧厂烟气处理工艺的分析探讨．福建建筑，2010，10：92-94．

刘洪涛，郑海霞，陈俊，等．城镇污水处理厂污泥处理处置工艺生命周期评价．中国给水排水，2013，3：11-13．

刘韵，师华定，曾贤刚．基于全生命周期评价的电力企业碳足迹评估——以山西省吕梁市某燃煤电厂为例．资源科学，2011，4：253-258．

潘海东，高攀峰，王志强．浅谈垃圾焚烧炉烟气处理工艺．绿色科技，2013，2：182-184．

漆雅庆．污泥干燥焚烧发电的生命周期评价．能源与节能，2013，2：47-48．

沈兰，韦保仁．国内外污水处理工艺的生命周期评价概述．环境科学与管理，2010，5：35-37．

孙启宏，万年青，范与华．国外生命周期评价（LCA）研究综述．世界标准化与质量管理，2000，12：24-26．

王雷，张运翘．垃圾焚烧电厂常用烟气净化工艺分析．锅炉技术，2008，5：73-76．

韦保仁，王俊，王香治，等．苏州垃圾填埋生命周期清单分析．环境科学与技术，2008，11：89-95．

杨华，薛卫东，赵运武，等．浅论垃圾焚烧烟气处理技术．机械，2003，5：25-27．

杨健，陆雍森，施鼎方．运用生命周期分析评估和选择废水处理工艺．工业用水与废水，2000，3：4-6．

曾广圆，杨建新，宋小龙，等．火法炼铜能耗与碳排放情景分析．中国人口-资源与环境，2012，4：46-50．

张浩，王洪涛，侯萍．基于生命周期评价的中国浮法玻璃燃料对比分析．化学工程与装备，2011，5：141-143．

张韦倩，杨天翔，陈雅敏，等．基于生命周期评价的城市固体废弃物处理模式研究进展．环境科学与技术，2013，1：69-72．

张文斌，梅连廷．半干法烟气净化工艺在垃圾焚烧厂的应用．工业安全与环保，2008，4：37-39．

赵吝加，曾维华，许乃中，等．铜冶炼行业节能减排先进适用技术评估方法研究．有色金属（冶炼部分），2012，（11）：5-9．

郑秀君，胡彬．我国生命周期评价（LCA）文献综述及国外最新研究进展．科技进步与对策，2013，3：155-160．

中野加都子．日本LCA研究状况与介绍实例分析．家电科技，2004，10：53-56．

周建国，周春静，赵毅．基于生命周期评价的选择性催化还原脱硝技术还原剂的选择研究．环境污染与防治，2010，3：102-108．

周祖鹏，蒋占四．国内外生命周期评价研究的差距分析．组合机床与自动化加工技术，2013，1：12-13．

Dixon A, Simon M, Burkitt T. Assessing the environmental impact of two options for small scale wastewater treatment comparing a reedbed and an aerated biological filter using a life cycle approach. Ecological Engineering, 2003, 20 (4): 297-308.

ISO (2000): ISO14000. Environmental Management. Geneva, Switzerland: 2000.

Ortiz M, Raluy R G, Serra L, et al. Life cycle assessment of water treatment technologies: wastewater and water-reuse in a small town. Desalination, 2007, 204 (1-3): 121-131.

Wang H, Hou P, Zhang H, et al. A Novel Weighting Method in LCIA and its Application in Chinese Policy Context. Towards Life Cycle Sustainability Management, 2011: 65-72.

Xu N, Zeng W, Wen Z. Fuzzy evaluation of thermal power technologies in energy-saving and emission-reducing// International Conference on Electric Technology and Civil Engineering. IEEE, 2011: 5091-5094.

附件1　工信部、科技部、财政部文件全文（正式文件）

关于加强工业节能减排先进适用技术遴选、评估与推广工作的通知（正式文件）

工信部联节〔2012〕434号

工业和信息化部
科学技术部文件
财　政　部

工信部联节〔2012〕434号

关于加强工业节能减排先进适用技术
遴选 评估与推广工作的通知

各省、自治区、直辖市及计划单列市、新疆生产建设兵团工业和信息化、科技、财政主管部门，有关行业协会，相关单位：

为贯彻落实国务院《工业转型升级规划（2011－2015年）》和《"十二五"节能减排综合性工作方案》，工业和信息化部、科技部、财政部联合组织开展了国家科技支撑计划项目"重点行业节能减排技术评估与应用研究"，初步建立了工业节能减排技术遴选与评估方法，首批应用在钢铁、化工、建材等11个重点行业，筛选出600余项节能减排先进适用技术，完成了工业节能减排技术信息管理平台建设。为加快建立工业节能减排技术遴选、评估及推广长效机制，推进工业节能减排技术成果应用，现通知如下：

一、充分认识加强工业节能减排先进适用技术遴选、评估与推广工作的重要性

工业是我国能源资源消耗和污染排放的主要领域，是节能减排工作的重点和难点。"十一五"以来，我国工业节能减排工作取得了明显成效，技术进步为实现国家节能减排目标发挥了重要作用。"十二五"我国仍处于工业化、城镇化快速发展阶段，能源资源和环境约束更加突出，节能减排难度加大，技术对节能减排的支撑作用日益凸显。目前我国各行业技术发展不平衡，行业内企业单位产品能耗和污染排放水平参差不齐，先进和落后技术装备并存。开展先进适用技术遴选、评估与推广工作，全面提升节能减排技术水平是建设资源节约型、环境友好型工业的重要途径，是促进工业转型升级的重要抓手。

当前工业节能减排技术筛选、评估与推广工作存在一些突出问题，成为制约"十二五"节能减排技术成果推广的瓶颈。一是尚未形成系统规范的节能减排技术遴选和评估体系，评价方法及标准缺失；二是工业领域广，技术种类多，缺乏技术指南和工程实践，难以满足企业多样化的技术选择需求，现有的技术推广目录与实际取得的效果差异较大；三是技术信息渠道不通畅，技术推广市场机制不健全，尚未形成有效的政策氛围。因此，当前迫切需要建立工业节能减排先进适用技术遴选、评估与推广的长效机制，强化节能减排技术管理，引导企业开展以节能减排为核心的技术改造，确保完成国家"十二五"节能减排目标。

二、总体要求和主要目标

（一）总体要求

以科学发展观为指导，深入贯彻落实全国科技创新大会精神、《工业转型升级规划（2011－2015 年）》和《"十二五"节能减排综合性工作方案》，以调整优化产业结构、加快推进技术进步为根本，构建节能减排先进适用技术遴选、评估和推广机制，引导企业采用新工艺、新技术和新装备，提升产业整体技术装备水平，提高能源资源利用效率，减少污染物产生和排放，促进工业转型升级。

一是坚持定量评估与专家评审相结合。遵循科学、客观的评估原则，采取技术经济与节能效益、环境效益相结合，定性与定量相结合，充分发挥技术专家和管理专家的作用，吸收企业技术用户参与，建立节能减排先进适用技术评估指标体系，形成系统规范的节能减排技术遴选方法和流程。

二是坚持突出重点与全面推进相结合。以重点行业、主体工艺、关键技术、重大装备为重点，逐步形成覆盖整个工业行业的节能减排技术遴选与评估体系。持续推进先进适用技术目录动态更新，体现技术动态发展，促进技术持续改进，形成节能减排技术遴选、评估与推广的长效机制。

三是坚持近期需求与长远目标相结合。针对工业行业节能减排技术需求，面向企业及时提供科学有效的节能减排技术解决方案。面向国家工业转型和产业结构优化的中长期战略目标，系统建立节能减排先进适用技术的遴选、评估和推广体系。

四是坚持政府引导与企业参与相结合。充分发挥政府在技术遴选、评估和推广应用工作中的引导作用，通过政策和制度创新，充分发挥企业的主动性和积极性，运用市场机制激励企业开展节能减排技术应用和技术改造。

（二）主要目标

构建科学合理的节能减排技术评估指标体系，开发先进适用技术的遴选方法与评估流程，先期筛选一批节能减排效果显著、适应我国国情和行业发展特点、有较大推广空间的先进适用技术，在关键领域和重点行业开展节能减排先进适用技术示范，推动节能减排技术推广服务体系建设，开发工业节能减排技术信息管理平台，完善节能减排技术成果推广保障措施，逐步形成覆盖整个工业行业节能减排先进适用技术遴选、评估和推广长效机制。

三、重点任务

（一）加快构建工业节能减排技术遴选、评估与推广机制

规范节能减排技术遴选与评估标准。建立统一、可操作性强的技术遴选和评估标准，形成规范化的评估流程。根据流程型、离散型和混合型行业特点，依照生产过程节能减排技术、资源能源回收利用技术、污染物治理技术和产品节能减排技术进行分类，建立适合行业特征的工业节能减排技术体系。根据工业节能减排途径和技术属性，构建和完善工业节能减排技术评估指标体

系，统一评估指标的核算边界、计算方法和数据来源。编制工业节能减排技术评估规范性文件，制定技术调查、技术初筛、定量评估及综合遴选的标准流程，使技术遴选与评估有章可循。

建立定量与定性相结合的技术评估制度。鼓励采用多属性综合评估、生命周期评价、成本效益分析和专家辅助综合评估等定量化技术评估工具，提高评估过程的科学性和评估结果的客观性，充分吸收行业节能减排专家的经验对难以量化的评估指标进行定性判断。逐步扩大节能减排技术遴选、评估的领域和范围，及时总结经验，形成工业节能减排技术定量与定性相结合的评估制度。

定期组织节能减排技术申报。鼓励从事节能减排技术开发、节能减排设施建设、工业生产的企事业单位，按照技术遴选与评估的要求和规范进行申报。各地工业和信息化主管部门、行业协会应积极开展和组织节能减排新工艺、新技术、新装备的征集和申报。定期开展节能减排先进适用技术的遴选与评估，编制节能减排先进适用技术目录、节能减排先进适用技术指南和节能减排先进适用技术应用案例，为"十二五"工业节能减排技术推广和企业技术改造提供有力支撑。

（二）加强节能减排技术推广服务体系建设

建立节能减排技术推广服务机制。加快构建以企业为主体、市场为导向、产学研结合的技术推广服务体系，推动形成节能减排技术研发、技术转化和技术服务一体化的推广应用链条。支持节能减排技术标准与工程规范的研究制定，加快节能减排技术推广与产业化应用。逐步实现节能减排技术信息管理系统化和网络化，构建工业节能减排技术信息服务平台，实现节能减排技术的信息共享和技术产业化。

支持技术推广服务业发展。充分发挥工业节能减排技术创新战略联盟和行业协会的作用，建立节能减排技术评估与推广服务中心，促进第三方评估机构开展节能减排技术评估及咨询服务，扶持节能减排技术服务产业发展。建立节能减排技术推广多元化渠道，搭建各级各类节能减排技术服务机构与技术需求企业之间的交流平台。开展节能减排技术服务行业资格认证，建立节能减排技术服务信用体系，保障技术推广服务产业健康发展。

建立技术知识产权转让机制。推广知识产权质押融资和知识产权信托，制定知识产权评估作价标准，引导企业自主创新，推动知识产权技术转让使用，降低银行信贷风险，拓宽企业融资渠道。加强科技与金融的融合，建立企业贷款风险补偿机制，推进技术知识产权股权抵押融资，充分利用保险工具和科技风险投资。

（三）加强工业节能减排先进适用技术的推广应用

拓展节能减排技术推广应用途径。充分利用节能减排技术目录积极引导工业企业应用先进适用技术。以节能减排先进适用技术指南为依据，参考制定工业节能减排技术规范、单位产品能耗限额标准，鼓励中介机构、设计单位开展节能减排技术固定资产投资项目节能评估、企业能源审计和能效对标管理。依托节能技术服务公司，采取合同能源管理方式等市场化机制，促进节能减排先进适用技术的推广应用。

建立节能减排技术应用后评估机制。通过节能减排先进适用技术在企业的推广应用，建立一批工业节能减排先进适用技术应用示范工程，树立一批在技术推广应用工作表现突出、成效显著的优秀企业。持续跟踪并开展节能减排技术应用的后评估和企业用户评价，通过第三方机构动态评估技术发展状况，研究节能减排先进适用技术退出长效机制。

四、建立强有力的保障措施

（一）加强政府引导与组织协调

各级工业和信息化主管部门、行业组织应加强节能减排技术管理和政策引导，充分协调技术开发方、设计机构、技术服务企业和技术需求方等各利益相关方关系，调动各方积极性，推进节能减排技术推广应用与利益共享。加快推进节能减排技术管理标准化、信息化，研究制定节能减排先进适用技术遴选与评估管理办法，建立节能减排技术推广与产业化激励约束机制，研究提出节能减排技术市场化政策措施。

（二）加大技术创新和推广资金支持

加大对节能减排科技工作的资金投入，在国家科技专项计划中安排工业节能减排亟需解决的关键共性技术和核心装备的研发。加大各级财政专项资金的支持力度，采用补助、奖励等方式，支持行业节能减排重大技术示范工程、高效节能减排装备和产品推广。认真落实技术推广应用的税收优惠政策。对节能节水、环境保护等专用设备，按照税收法律法规的规定，给予增值税进项税抵扣和企业所得税抵免。积极鼓励利用社会资金，引导金融、信贷机构支持中小企业实施节能减排技术改造。

（三）加强技术推广示范

选择关键领域、重点技术开展节能减排先进适用技术推广，形成一批由科技成果到产业化、由试点到示范的重大工程项目。面向典型企业因地制宜开展节能减排先进适用技术改造升级，形成一批节能减排技术应用示范的优秀企业。面向产业集聚区开展节能减排产业链集成技术示范，形成具有重大推广价值的节能减排技术推广应用模式。

（四）加强人才培养和队伍建设

把节能减排先进适用技术作为重点用能企业能源管理负责人培训的必修课程。发挥高等院校、职业学校等教育机构节能减排相关专业的技术优势，为企业输送急需的技术创新人才、工程技术人员和节能减排管理人才。面向企业尤其是中小企业定期开展培训、参观学习、技术交流，提高企业节能减排技术和管理人员水平，为先进适用技术的推广提供人才保障。

五、研究成果发布

工业和信息化部、科技部、财政部组织清华大学、相关行业协会等30多家单位先行开展了"十一五"国家科技支撑计划"重点行业节能减排技术评估与应用研究"项目，初步形成了《工业节能减排技术评估指标体系与评估方法》（附件1），并在钢铁、石化、有色金属、汽车、轻工、纺织、电子信息、建材、装备制造、船舶、医药等11个行业开展技术遴选与评估，筛选出首批 600 余项节能减排先进适用技术，形成了《工业节能减排先进适用技术目录》、《工业节能减排先进适用技术指南》和《工业节能减排先进适用技术应用案例》（附件 2，以下简称《技术目录》、《技术指南》和《应用案例》），建立了工业节能减排技术信息管理平台。现将部分成果予以公布，各有关单位应在此基础上，加强节能减排先进适用技术的推广应用，加大技术对产业结构升级和工业技术改造的科技支撑力度，推动工业增长方式转变。

《工业节能减排技术评估指标体系与评估方法》提出了工业节能减排技术评估指标体系，开发了多属性综合评估、生命周期评价、成本效益分析和专家辅助综合评估 4 种定量化评估方法，为各行业开展技术遴选与评估提供技术支撑。

《技术目录》介绍了技术原理、适用条件、节能减排效果、投资估算、运行费用、投资回收期、技术水平、知识产权和技术普及率，可作为加快重点行业节能减排技术推广普及，引导企业采用先进的新工艺、新技术和新设备的政策依据。

《技术指南》介绍了行业节能减排现状，技术结构和发展水平，阐述了《技术目录》中各项节能减排先进适用技术的原理、适用范围、主要技术环节和操作参数等，可作为企业选择先进适用生产工艺、开展节能减排技术改造，技术服务机构开展节能评估和能源审计、技术咨询和培训的技术规范。

《应用案例》选择具有行业代表性、应用效果良好的企业作为案例，介绍了技术应用概况、主要设备、节能减排效果、经济成本和技术优缺点，可作为节能减排先进适用技术的应用标杆和典型示范。

工业节能减排技术信息管理平台包括先进适用技术数据库、应用企业案例库和行业节能减排专家库，构建了技术初筛系统、辅助评估系统，可实现技术信息管理、技术定量评估、技术比选和统计分析等功能，可为工业节能减排技术遴选与评估、信息管理与服务提供技术支撑。

附件：1. 工业节能减排技术评估指标体系与评估方法（详见 jnjpfw. miit. gov. cn）

2. 钢铁、石化、有色、建材、汽车、轻工、纺织、电子信息、装备制造、船舶、医药等 11 个行业《技术目录》和《技术指南》、《应用案例》（同上）

工业和信息化部　　　　科学技术部　　　财　　政　部

2012 年 9 月 19 日

抄送：工业和信息化部规划司、产业政策司、科技司、原材料工业司、装备工业司、消费品工业司、电子信息司。

工业和信息化部办公厅　　　　　　2012 年 9 月 19 日印发

附录Ⅰ:

××行业节能减排先进适用技术目录

（编制框架）

组织单位：×××××××××××
编制单位：×××××××××××
二〇××年×月

目　　录

前　　言

　　叙述××行业节能减排现状，从行业能耗比重、技术水平，面临的节能减排现实情况出发，提出筛选评估节能减排先进适用技术的必要性。

　　通过编制××行业节能减排先进适用技术目录，其目的是×××××××××，在"十二五"期间，推广应用目录中先进适用技术，可以达到×××××××××节能减排效果。

　　本目录围绕××行业产业调整振兴规划和实现行业节能减排目标，研究适用于我国××工业实际情况的节能减排技术，经行业专家评估和筛选，提出适合在行业内推广的节能减排先进适用技术×项。其中：××××××××××××××××× ×××××× ××××××，××××××××××××××××××××××××××××××××××。×××××××××××××××××××××××××××××××××××××××，×××。

　　本目录由×××组织××××单位编制，参与编制单位有×××××，于××××年×月首次发布。

（仅供参考）

附件 2　节能减排先进适用技术目录、指南和案例

《行业节能减排先进适用技术目录》模板
《行业节能减排先进适用技术指南》模板
《行业节能减排先进适用应用案例》模板

（一）××节能减排先进适用技术（子行业或其他分类）

（1）××工序

一、生产过程节能减排技术

序号	技术名称	技术介绍		节能减排效果		成本效益分析			技术水平	技术知识产权	技术应用情况
		技术适用条件	技术基本原理介绍	物耗能耗/相对节能量	产污情况/相对减排量	投资估算	运行费用	投资回收期（年）	国内先进/国内领先/国际先进/国际领先	国内专利/国外专利/利/非专利技术	技术普及率/预期推广比例
1	××技术	运行规模、对物料的性质（浓度、温度、压力等）的限定、上下游技术同的特定配套关系、产品技术的使用环境要求等		主要原料消耗：t/单位产品；综合能耗：tce/单位产品；相对节能量：tce/单位产品，或相对某相对节能百分比，%；产污情况：kg（t、m³）/单位产品；相对减排量：kg（t、m³）/单位产品或相对某条件下的减排百分比，%		单位投资：万元/单位产品；或投资总额（设备投资）：万元	运行费用：元/单位产品；或单位运行费用：元/单位产品；年运行费用：万元（规模大小）a	范围值		同时说明技术在设计、制造、应用方面的国产化水平	技术当前（201x年）应用普及率；×××期末预计推广达到的比例

二、资源能源回收利用技术

序号	技术名称	技术介绍	技术适用条件	节能减排效果	成本效益分析			技术水平	技术知识产权	技术应用情况
		技术基本原理介绍		资源能源回收率/节能量/副产品产量/污染减排量	投资估算	运行费用	投资回收期（年）	国内先进/国内领先/国际先进/国际领先	国内专利/国外专利/利/非专利技术	技术普及率/预期推广比例
1	xx技术		运行规模、与主体生产工艺技术的匹配配套关系、环境（温度、压力）的限定条件等	资源回收率:%；能源回收率:%；综合利用率:%；节能量:tce/单位产品或相对某对某条件下节能百分比,%；副产品产量:t/a；污染物减排量:kg（t、m³）/单位产品或相对某条件下的减排百分比,%	单位投资:万元/单位产品产；总投资（设备投资）:万元 a;（规模大小）	单位运行费用:元/单位产品;或单位产品运行费用:元			同时说明技术在设计、制造、应用方面的国产化水平	技术当前（201x年）应用普及率、xxx期末预计推广达到的比例

三、污染物治理技术

序号	技术名称	技术介绍		节能减排效果		成本效益分析			技术水平	技术知识产权	技术应用情况	
		技术适用条件		污染物去除效率／污染物减排量／污染排放水平		投资估算	运行费用	投资回收期（年）	国内先进／国内领先／国际先进／国际领先	国内专利/国外专利/非专利技术	技术普及率／预期推广比例	
		技术基本原理介绍	运行规模、与主体生产技术的特定匹配关系要求、污染物浓度要求、污染物减排量：kg（t、m³）/单位产品；污染物排放水平：浓度环境（温度、压力等）的限定条件等	污染物去除率：%	单位投资：万元/单位产品；或投资单位产品；（设备投资运行费资）；万元 a（规模大小）				同时说明技术在设计、制造、应用方面的国产化水平	技术当前应用率(201x年)普及率；xxx期末预计推广达到的比例	
xx技术												
1												

四、其他节能减排技术（产品技术或综合管理节能技术等）

序号	技术名称	技术介绍	技术适用条件	节能减排效果		成本效益分析			技术水平	技术知识产权	技术应用情况
				物耗能耗／相对节能量产污情况／相对减排量	主要原料消耗：t／单位产品； 综合能耗：tce／单位产品； 相对节能量：tce／单位产品，或相对某条件下的节能百分比，%； 相对减排量：kg（t，m³）／单位产品或相对某条件下的减排百分比，%	投资估算	运行费用	投资回收期（年）	国内先进／国内领先／国际先进／国际领先	国内专利／国外专利利／非专利技术	技术普及率（产品市场占有率）／预期推广比例
						单位投资：万元／单位产品；或投资规模万元（规模大小）	单位运行费用：元／单位产品；或年运行费：万元a				
1	××技术	技术基本原理介绍								同时说明技术在设计、制造、应用方面的国产化水平	技术当前应用普及率（201x年）应用普及率×××期末预计推广达到的比例

（2）××工序

（二）××行业节能减排先进适用技术

说明：

一、技术分类及定义

生产过程节能减排技术：是指产品生产过程中降低物耗、能耗、减少污染物产生量的源头削减技术。具体包括：低能耗、低污染的新工艺、新技术；工艺优化；系统集成等类型。

资源能源回收利用技术：是指将企业生产过程中产生的废气、废水、固体废物及热能等经回收、加工、转化或提取，从而生成新的可被利用的资源、能源或副产品的这样一类技术。具体包括能源替代、能源梯级利用、废物能源化等能源综合利用技术，废水处理回用技术，固体废物资源化技术等类型。

污染物治理技术：是指通过化学、物理或生物等方法将企业中已经产生的污染物进行削减或消除，从而使企业的污染排放达到环境标准或相关要求的一类技术。具体包括水污染控制技术、大气污染控制技术、固体废物无害化处置技术等。

节能减排产品技术：是指通过对产品的改造、优化和革新，从而降低产品使用过程中能源消耗、资源消耗和污染物排放的一类技术。

二、主要字段的解释说明

➢ 技术介绍：技术的基本原理介绍。

➢ 技术适用条件：技术使用中的特定条件限制，如运行规模、对物料的性质（浓度、温度、压力等）的限定、上下游技术间的特定匹配关系、产品技术的使用环境要求等。

➢ 节能减排效果：量化技术在节能或减排上的效果，其中，

生产过程节能减排技术关注的指标：

● 物耗能耗：该技术在资源、能源方面的消耗水平（用单位产品消耗量计）。

● 相对节能量：该技术与其他高耗能技术相比的节能量（用单位产品节能量或百分比计）。

● 产污情况：该技术应用过程产生（无处理设施）或排放（有处理设施）的污染物情况（用单位产品产生量计）。

● 相对减排量：该技术与其他高污染技术相比的减排量（用吨产品减排量或

百分比计）。

资源能源回收利用技术关注的指标：

● 资源能源回收率：该技术回收的物质的量占废物的比例（用%计）。

● 节能量：该技术运用后可为企业带来的节能量（用年节能量或百分比计）。

● 副产品产量：该技术运用后可为企业产生的副产品的量（用年产量计）。

● 污染物减排量：该技术运用后可为企业带来的污染减排量（用年减排量或百分比计）。

污染物治理技术关注的指标：

● 污染物去除率：（进口浓度−出口浓度）／进口浓度（用%计）。

● 污染物减排量：该技术运用后可为企业削减污染物的量（用年削减量或百分比计）。

● 污染排放水平：该技术运用后企业的污染排放水平（用浓度计，并与排放标准进行比较）。

节能减排产品技术关注的指标：

● 物耗能耗：该技术的产品在使用过程中的资源能源消耗水平（用产品单位效用的消耗量计，如运输用具用单位里程的消耗量计）。

● 相对节能量：该技术与传统产品技术相比的节能量（用产品单位效用的节能量或百分比计）。

● 产污情况：该技术的产品在使用过程中的污染物排放水平（用产品单位效用的排放量计）。

● 相对减排量：该技术与传统产品技术相比的减排量（用产品单位效用的减排量或百分比计）。

➢ 技术成本效益分析：

● 投资估算：可采用技术总投资、设备投资（需注明生产规模或设计产能）；或单位投资即技术总投资/总产能（或总产品）。

● 运行费用：技术年运行费用/年产量或产值。

● 投资回收期：技术在投入后获得回报的时间期限。

➢ 技术应用情况：

● 技术普及率：以201x年为统计基准，采用行业内该技术的企业数量/企业总量或采用行业内该技术生产的产品量/产品总量。

● 产品市场占有率：采用某项节能减排产品技术的产品在市场中所占的份额。

● 预期推广比例：结合技术发展趋势和专家经验估计，预测技术在201x年年底的技术普及率或产品市场占有率。

附录 Ⅱ :

××行业节能减排先进适用技术指南

（编制框架）

组织单位：××××××××××
编写单位：××××××××××
二〇××年××月

目　录

第1章 导 言

1.1 编制目的

为企业开展节能减排对标工作提供标杆。

为企业的技术选择、改造以及技术转让提供信息参考。

为行业节能减排技术推广应用政策提供配套和索引。

1.2 适用范围

适用于企业技术领域的节能减排工作，包括新建项目的技术选择、已建项目的技术改造等。

1.3 编制依据

行业清洁生产标准。

污染排放标准。

单位产品能耗限额。

工艺消耗定额。

行业准入条件。

其他结构调整相关的技术政策。

……

1.4 术语及定义

第 2 章　行业资源能源消耗及产排污情况

本章在充分梳理现有的行业清洁生产标准、污染排放标准、单位产品能耗限额、工艺消耗定额、行业准入条件等标准政策的基础上，结合国内外企业调研与比较，将行业的资源能源消耗与污染排放水平划分为 4 个等级：国内准入、国内一般、国内先进、国际先进。这为企业判定自身节能减排水平提供参考依据。对于尚无相关标准、政策可借鉴的行业，可根据本项目调研的结果进行统计和划分。

2.1　行业类型划分

由于受工艺类型、产能规模、原料品质等诸多因素的影响，行业内部的资源能源消耗和产排污水平可能有很大的差别，如钢铁行业中长流程和短流程之间的差别、石化合成氨行业中煤头和气头之间的差别等。为了使耗能排污水平能详细、全面反映实际，同时兼顾行业节能减排技术的适用性，需要对行业按照工艺、规模、原料、产品等方式进行分类。后续的资源能耗消耗与污染排放水平需针对不同类型分别予以介绍。

具体划分方式由行业自定，不存在上述问题的行业可不予进行类型划分。

2.2　能源消耗情况

2.2.1　能源消耗特点

分析企业生产过程中能源消耗的特点，如在哪些环节为主要的耗能节点、哪些环节具有较大的节能改造和余热回收利用空间等。如图 2.1 所示。

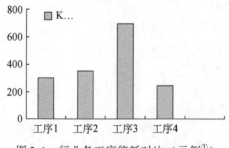

图 2.1　行业各工序能耗对比（示例①）

---

① 附件中所有的图、表仅为示例，行业根据自身情况进行修改调整。

2.2.2 能源消耗水平

根据2.1所划分的企业类型，分别介绍其能源消耗水平，见表2.1。

表2.1 能源消耗水平（类型N）

能源消耗指标[1]	单位	消耗水平[2]			
		国内准入	国内一般	国内先进	国际先进
电耗					
煤耗					
综合能耗					

注：1 表格中的各项指标仅作参考，各行业根据自身特点酌情增减。
  2 每张表格需注明消耗、排放水平划分的依据和数据来源。

2.3 资源消耗情况

2.3.1 资源消耗特点

分析企业生产过程中对主要原材料以及水资源的消耗特点，如在哪些环节为主要的耗水节点、哪些环节具有较大的资源回收利用空间等，如图2.2所示。

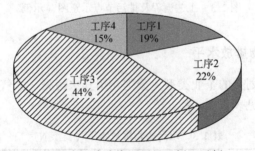

图2.2 各工序水资源用量比例（示例）

2.3.2 资源消耗水平

根据2.1节所划分的企业类型，分别介绍其能源消耗水平，见表2.2。

表 2.2 资源消耗水平 （类型 N）

能源消耗指标	单位	消耗水平			
		国内准入	国内一般	国内先进	国际先进
主原料					
新鲜水					

2.4 污染物排放情况

2.4.1 污染物排放特点

采用流程图的形式描述生产工艺过程和污染物排放节点，分析在哪些环节具有较大减排潜力空间，如图 2.3 所示。

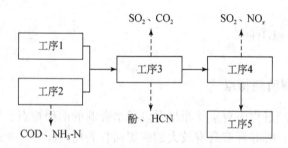

图 2.3 工艺流程及排污节点示意图 （示例）

2.4.2 污染物排放水平

根据 2.1 节所划分的企业类型，分别介绍其水污染、大气污染、固废以及温室气体排放水平，见表 2.3 ~ 表 2.6。

表 2.3 水污染物排放水平 （类型 N）

污染物排放指标	单位	排放水平			
		国内准入	国内一般	国内先进	国际先进
废水排放总量					
COD					
氨氮					
行业特征污染物					

表 2.4　大气污染物排放水平（类型 N）

污染物排放指标	单位	排放水平			
		国内准入	国内一般	国内先进	国际先进
SO_2					
NO_x					
工业粉尘					
其他特征污染物					

表 2.5　固体废弃物排放水平（类型 N）

污染物排放指标	单位	排放水平			
		国内准入	国内一般	国内先进	国际先进
固废产生总量					
……					

表 2.6　温室气体排放水平（类型 N）

污染物排放指标	单位	排放水平			
		国内准入	国内一般	国内先进	国际先进
CO_2					
其他温室气体					

第3章 行业技术现状

3.1 行业技术结构

通过搜集、整理生产流程中各个工艺单位内的技术清单，构建行业技术体系。其中，每个工艺单位下的技术既包括经本课题评估筛选出来的节能减排先进适用技术（用＊号予以注明），也包括现阶段行业内采用的一般技术。

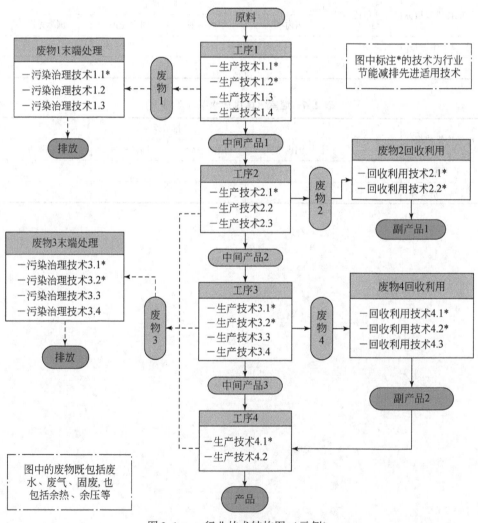

图 3.1 ××行业技术结构图（示例）

根据各类技术在生产过程中的功能，可细分为生产过程技术、污染治理技术和回收利用技术三大类。各类技术的逻辑关系可用工艺流程框图的形式表示，如图3.1所示。

3.2 行业技术水平

调查先进适用技术在现有市场中所占的份额（技术普及率），分析行业整体技术水平和未来的发展趋势，如图3.2所示。

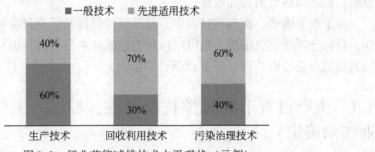

图3.2 行业节能减排技术水平现状（示例）

第4章　节能减排先进适用技术

本章涉及的节能减排先进适用技术须经科学的评估筛选和工程实例验证的具有良好的节能减排效果和经济适用性的技术，其描述需要尽量详尽，并有一定深度和可操作性，《××行业节能减排先进适用技术目录》是该部分内容的简缩版。

根据技术的功能，可划分为生产过程节能减排技术、资源能源综合利用技术和污染治理技术三大类，以便为企业提供分类指导。应对每项技术进行详细介绍说明，辅之以各类图表和数据。

关于章节编号，在编写过程中，课题组可以按照行业自身特点组织编写。例如，可以分工序重新编排，也可以按照上述的技术分类进行编写，但各类技术描绘的侧重点应有所差别（详见以下参考指南）。

4.1　生产过程节能减排技术（注：可以分工序编写，按行业需求确定）

生产过程节能减排技术指产品生产过程中降低物耗、能耗、减少污染物产生量的源头削减技术。具体包括低能耗、低污染的新工艺、新技术；原料替代或预处理；过程优化等类型。

4.1.1　技术1

4.1.1.1　技术介绍

（1）技术应用工艺节点。

重点介绍技术应用所在行业工序或工艺环节，突出重点节能或减排特征点，可提高能源利用效率，减少污染物排放的可行途径。可用工艺节点图来表示。

（2）技术基本原理。

点出技术通过采用什么手段或方法，实现节能节材或污染物的减排。补充技术原理图，如图4.1所示。

4.1.1.2　技术发展水平

介绍目前国内外同类技术发展现状，明确该技术在国内或国际所处的水平和技术发展趋势，包括主要技术特点、关键参数指标及其水平、技术创新、技术标准情况等，介绍国内外重大工程建设或重大装备研制的情况。

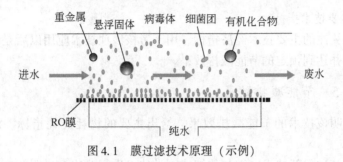

图 4.1 膜过滤技术原理（示例）

4.1.1.3 技术适用条件

技术使用过程中的条件限制，如适合的原料、工艺路线、运行规模、上下游技术匹配关系、技术的环境温度和压力等。此部分对企业选择技术，进行技术改造非常重要，建议将适用的条件讲清楚。

4.1.1.4 实施建设内容

（1）关键工艺设备

企业应用该技术所用到的关键设备（包括类型参数等）、软件系统、必要的配套设施等。画出工艺流程图或给出关键设备图片（图4.2）。

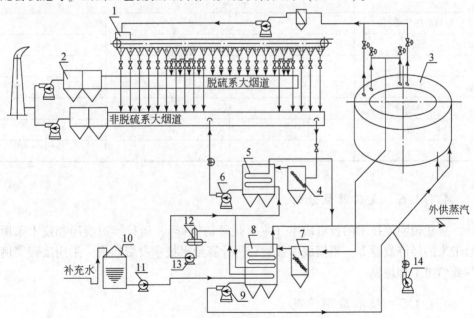

图 4.2 烟气余热回收装置工艺流程图（示例）

（2）主要技术指标

该技术关注的主要技术经济指标。用于考核该项技术应用以后是否能够提高生产指标，并达到预定的节能减排效果。

4.1.1.5 节能减排效果

量化说明该技术的节能减排效果，给出主要的物耗能耗指标、污染物产排指标。

若为生产过程新技术，需与传统或同类技术进行对比，说明此项技术与传统技术相比较能耗、污染物排放等指标的。若为过程优化、原料预处理、辅助等技术，需与未采用该项技术前进行对比。可采用表格等对技术节能减排效果进行直观表达。减排技术应根据行业特点，阐明增加的实物能耗。

表 4.1　技术节能减排效果对比（参考示例）

指标（根据行业特点）	传统技术/（未采用前）	先进适用技术/（采用后）	节能量（减排量）/%
	技术 1	技术 2	
能耗（单位）			
煤耗			
电耗			
……			
原料消耗（单位）			
新水			
……			
废气			
SO_2			
废渣			
……			

4.1.1.6 成本效益分析

量化说明该技术的投资成本（主要是设备投资）、运行维护费用和技术采用后带来的经济效益等。根据成本效益分析计算给出技术投资回报。采用工程实例的要给出工程规模。

4.1.1.7 技术应用情况

根据行业技术调研情况，计算当前（主要是 2010 或 2009 年产能水平下）的技术普及率，并根据行业发展情况，政策推广扶持方向，技术推广限制条件等预测"十二五"期末（2015 年）该技术能够在行业或某一特定环节推广比例。

介绍技术在行业企业内的应用情况，补充工程应用实例等。

4.1.1.8　技术知识产权情况

技术拥有方（国际专利或国内专利查询情况）、技术转让费用，主要的技术拥有企业等。

4.1.2　技术2

……

4.2　资源能源回收利用技术（注：可以分工序编写，按行业需求确定）

资源能源回收利用技术是指将企业生产过程中产生的余热、余压、废料、废水等经回收、加工、转化或提取，从而生成新的可被利用的资源、能源或副产品的这样一类技术。具体包括余热余压回收利用技术、高浓度废液处理回用技术、固体废弃物资源化技术等类型。

4.2.1　技术1

4.2.1.1　技术介绍

1）技术应用工艺节点。

2）技术基本原理。

4.2.1.2　技术发展水平

4.2.1.3　技术适用条件

4.2.1.4　实施建设内容

1）关键工艺设备。

2）主要技术指标。

4.2.1.5　节能减排效果

4.2.1.6　成本效益分析

4.2.1.7　技术推广应用情况

4.2.1.8　技术知识产权情况

4.2.2　技术2

……

4.3　污染物治理技术（注：可以分工序编写，按行业需求确定）

污染物治理技术是指通过化学、物理或生物等方法将企业中已经产生的污染物进行削减或消除，从而使企业的污染排放达到环境标准或相关要求的这类技术。具体包括水污染控制技术、大气污染控制技术、固体废物无害化处置技术等。

4.3.1　技术1

4.3.1.1　技术介绍

1）技术应用工艺节点。
2）技术基本原理。

4.3.1.2　技术发展水平

4.3.1.3　技术适用条件

4.3.1.4　实施建设内容

1）关键工艺设备。
2）主要技术指标。

4.3.1.5　节能减排效果

4.3.1.6　成本效益分析

4.3.1.7 技术推广应用情况

4.3.1.8 技术知识产权情况

4.3.2 技术 2

......

4.4 节能减排产品技术

节能减排产品技术是指通过对用能产品的改造、革新，从而降低产品使用过程中能源消耗和污染物排放的这样一类技术。

4.4.1 技术 1

4.4.1.1 技术介绍

1）产品技术应用环节。
2）技术基本原理。

4.4.1.2 技术发展水平

4.4.1.3 技术适用条件

采用此产品技术的限制条件、产品规格、使用的环境要求等。与其他产品或应用设备的匹配关系等。

4.4.1.4 产品改造更新内容

1）关键产品设备。
2）主要技术指标。

4.4.1.5 节能减排效果

4.4.1.6 成本效益分析

4.4.1.7 技术推广应用情况

4.4.1.8　技术知识产权情况

4.4.2　技术2

......

第5章 工艺技术优化组合方案

本章结合第 3 章、第 4 章的工艺和技术分析，从生产全流程优化角度，综合考虑生产技术、资源能源综合利用技术和污染物治理技术间的配套关系，提出若干代表未来行业节能减排技术进步方向的先进工艺技术组合方案，为新建企业技术路线选择或现有企业技术改造提供指导。

5.1 工艺技术组合 1

5.1.1 工艺技术组合方案

介绍该工艺组合各环节的技术选择方案，方案适用的外部条件等。用流程框图表示各环节的技术组合（图 5.1）。

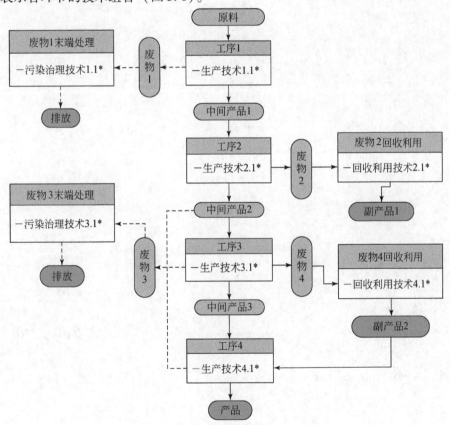

图 5.1 先进技术组合示意图（示例）

5.1.2　可实现的节能减排水平

量化说明该方案实际可以达到的消耗和排放水平（原则上，优化组合的技术方案对应的节能减排水平应不低于国内先进水平）。

5.1.3　技术经济分析

量化说明该组合的投资成本、运行维护费用等。

5.1.4　工程实例

举例介绍该工艺技术组合方案的实际应用情况。

5.2　工艺技术组合 2

......

第6章 节能减排新技术动态

本章介绍国内外在节能减排方面的新技术动态，包括处于研发阶段、尚未进行生产实践的技术。格式及内容要求参考如下。

6.1 新技术1

6.1.1 技术介绍

介绍技术基本原理，发展阶段等。

6.1.2 技术试验示范效果

××××××××××××。

6.1.3 技术投资及效益分析

××××××××××××。

6.1.4 技术应用前景分析

××××××××××××。

6.1.5 技术知识产权情况

××××××××××××。

6.2 新技术2

......

附录Ⅲ：

××行业节能减排技术应用案例

（编制框架）

组织单位：×××××××××××
编制单位：×××××××××××
二〇××年×月

目　录

前　言

　　介绍编制背景，目的等。

　　《××行业节能减排技术案例》选择××企业作为案例，其中的技术与《技术目录》《技术指南》中的先进适用技术一一对应，作为《技术目录》和《技术指南》的补充，为企业技术应用提供参考。

　　本《技术案例》由××共同编制完成。

一、××（子行业）节能减排技术应用案例

1. ××××××××技术（单项技术格式）

1. 技术概况					
技术名称	需与技术目录、指南中技术名称一致				
技术来源	填写技术提供方		或选择	□国内专利	□国际专利
技术投入运行时间	年 月		工程项目类型	□新建	□改造
技术基本原理					
涉及的主要设备		数量		规格	
各行业根据对节能减排技术描述的需要自行确定设备部分的填写与否					
2. 技术的节能减排效果					
量化技术的节能减排效果，具体参见《节能减排先进适用技术目录》中节能减排效果的格式及数据要求					
3. 技术的经济成本					
投资费用	根据数据可得，可以只填写总投资 也可拆分为设备投资、基建费用等				
运行费用	根据数据可得，可以只填写总的运行费用 也可拆分为物料成本、能源成本、人力成本、维护费用等				
4. 技术的优缺点					
综合上述信息，分析技术运用过程中存在的优势、劣势、适用条件等，逐条定性描述					
5. 技术应用企业概况					
企业名称					
企业地址					
主要产品		产能规模			
联系人		联系电话			
电子邮箱					
6. 应用该技术的其他企业名单					
企业全称，用；分隔。 如企业全称 1；企业全称 2；××；企业全称 n					

2. ×××××××技术（技术组合格式）

1. 技术组合概况		
技术名称		技术来源
		填写技术提供方 或选择　□国内专利　□国际专利
		填写技术提供方 或选择　□国内专利　□国际专利
		填写技术提供方 或选择　□国内专利　□国际专利
工艺流程	描绘企业的工艺流程，并将上述技术所处的位置标注在工艺流程图中	
2. 技术组合的节能减排效果		
用技术组合下的工艺边界内（企业或某个工序）的耗能排污情况来反映其节能减排效果		
物耗能耗	数量	单位
污染物排放	数量	单位
3. 技术组合的经济性		
投资费用	根据数据可得，可以只填写总投资 也可拆分为设备投资、基建费用等	
运行费用	根据数据可得，可以只填写总的运行费用 也可拆分为物料成本、能源成本、人力成本、维护费用等	
4. 技术应用企业概况		
企业名称		
企业地址		
主要产品		产能规模
联系人		联系电话
电子邮箱		

附件3 重点行业节能减排先进适用技术目录清单

有关《技术目录》《技术指南》《应用案例》的更多技术资料详见清华大学环境学院循环经济产业研究中心微信公众号：thu-cice（二维码见封底）

一、钢铁行业

序号	工序/类别	技术名称
1		煤调湿技术（CMC）
2		捣固炼焦技术
3	焦化工序	高温高压干熄焦技术（CDQ）
4		焦炉煤气高效脱硫净化技术
5		焦化酚氰污水处理技术
6		小球烧结工艺技术
7		降低烧结漏风率技术
8		低温烧结工艺技术
9		厚料层烧结技术
10	烧结球团工序	链箅机–回转窑球团生产技术
11		烧结余热回收利用技术（发电）
12		球团废热循环利用技术
13		烧结烟气湿法脱硫技术
14		烧结烟气半干法或干法脱硫技术
15		高炉炼铁精料技术
16		高炉浓相高效喷煤技术
17		高炉脱湿鼓风技术
18		高炉炉顶煤气干式余压发电技术（TRT）
19	炼铁工序	高炉热风炉双预热技术
20		高炉煤气汽动鼓风技术
21		高炉煤气干法布袋除尘技术
22		转底炉处理含铁尘泥技术
23		高炉渣综合利用技术

序号	工序/类别	技术名称
24	炼钢工序	转炉"负能炼钢"工艺技术
25		炼钢连铸优化调度技术
26		高效连铸技术
27		薄板坯连铸技术
28		转炉烟气高效利用技术
29		转炉烟气干法除尘技术
30		电炉优化供电技术
31		电炉烟气余热回收利用除尘技术
32		废钢加工分类预处理技术
33		钢渣处理及综合利用技术
34	轧钢工序	连铸坯热装热送技术
35		低温轧制技术
36		热带无头轧制、半无头轧制技术
37		在线热处理技术
38		轧钢加热炉蓄热式燃烧技术
39		轧钢氧化铁皮资源化技术
40		塑烧板除尘技术
41	综合性节能减排技术	能源管理中心及优化调控技术
42		燃气-蒸汽联合循环发电技术（CCPP）
43		全燃高炉煤气锅炉发电技术
44		原料场粉尘抑制技术
45		双膜法污水处理回用技术
46		絮凝沉淀+V 型滤池污水处理技术

二、石化行业

序号	子行业	技术类别	技术名称
1	炼油行业	生产过程节能减排技术	板式空冷技术
2			装置间热联合与热供料技术
3			高效加热炉除灰技术
4			新型强化传热燃烧器技术

序号	子行业	技术类别	技术名称
5			波纹板式空气预热器技术
6			二级冷凝流程技术
7			热高分流程技术
8			高效汽提段设计技术
9		生产过程节能减排技术	高效板式换热器技术
10			超声波在线防垢技术
11			压缩机Hydro COM无级气量调节系统技术
12			液力透平节能技术
13	炼油行业		两级液体喷射器抽真空技术
14			膜技术处理回用炼厂水技术
15		资源能源回收利用技术	蒸汽冷凝水闭式回收技术
16			低温热回收利用技术
17			含氢气体氢回收技术
18			高浓度炼油废水高效生物水处理技术
19		污染物治理技术	炼油废水旋流分离预处理技术
20			延迟焦化冷焦处理炼油厂"三泥"技术
21			汽油脱硫醇技术
22			回收低位工艺热预热燃烧空气技术
23			辐射炉管内强化传热技术
24			不消耗或少消耗常规热源的急冷油减粘塔技术
25			开式热泵技术
26			透平压缩机组优化控制技术
27		生产过程节能减排技术	裂解炉结焦抑制剂技术
28			裂解炉耐高温辐射涂料技术
29	乙烯行业		脉冲燃气吹灰技术
30			混合冷剂制冷技术
31			热集成精馏系统技术
32			低温甲烷化技术
33			低温保冷技术
34		资源能源回收利用技术	催化干气回收乙烯工艺
35		污染物治理技术	乙烯装置污水深度处理技术
36			乙烯装置废碱液湿式氧化法处理技术

续表

序号	子行业	技术类别	技术名称
37	合成氨–甲醇行业	生产过程节能减排技术	多喷嘴水煤浆气化技术
38			粉煤加压气化技术
39			非熔渣–熔渣水煤浆分级气化技术
40			节能型天然气转化技术
41			全低变技术
42			中低低变换技术
43			NHD 脱硫脱碳技术
44			低能耗脱碳技术
45			低温甲醇洗技术
46			两段法变压吸附脱碳技术
47			醇烃化净化工艺技术
48			全自热非等压醇烷化净化合成氨原料气技术
49			新型氧化亚铁基氨合成催化剂技术
50			轴径向、低阻力大型氨合成反应技术
51			节能型氨合成技术
52			氨合成塔内件技术
53			径向流蒸汽上升式甲醇合成技术
54			卧式水冷反应器技术
55			管壳外冷–绝热复合式固定床催化反应器技术
56			三塔及三塔多效精馏技术
57			热泵精馏技术
58			节能转子技术
59		资源能源回收利用技术	一段炉烟气余热回收利用技术
60			燃气轮机技术
61			三废混燃炉技术
62			无动力氨回收技术
63			氨合成回路分子筛节能技术
64		污染物治理技术	前置反硝化生物脱氮技术
65			循环式活性污泥技术
66			短程硝化技术

序号	子行业	技术类别	技术名称
67	电石行业	生产过程节能减排技术	内燃式电石炉改造为密闭电石炉技术
68			氧热法熔炼电石技术
69			短网综合补偿技术
70			直流电弧炉技术
71		资源能源回收利用技术	电石炉尾气煅烧石灰石技术
72			电石尾气制二甲醚技术
73			密闭电石炉尾气直燃产汽技术
74			炭粉成型技术
75			显热回收技术
76		污染物治理技术	空心电极技术
77	氯碱行业	生产过程节能减排技术	膜法除硝技术
78			膜（零）极距离子膜电解槽技术
79			普通金属阳极隔膜电解槽节能改造技术
80			三效逆流降膜50%液碱蒸发技术
81			烧碱蒸发过程优化控制技术
82			超声波防垢除垢技术
83			干法乙炔发生技术
84			低汞触媒应用配套高效汞回收技术
85			电石法氯乙烯高压精馏工艺技术
86		资源能源回收利用技术	氯化氢合成余热副产中压蒸汽技术
87			氯乙烯精馏尾气回收氯乙烯和乙炔技术
88			氯乙烯精馏尾气回收氢技术
89			盐酸深度脱吸工艺技术
90		污染物治理技术	PVC聚合母液处理技术
91	农药行业	生产过程节能减排技术	常压空气氧化法生产二苯醚酸技术
92			甲叉法酰胺类除草剂生产技术
93			农药中间体菊酸酰氯化合成清洁生产技术
94			拟除虫菊酯类农药清洁生产技术
95			乐果原药清洁生产技术
96			除草剂莠灭净的绿色合成新工艺
97			不对称催化合成精异丙甲草胺技术
98			高品质甲基嘧啶磷清洁生产技术

序号	子行业	技术类别	技术名称
99	农药行业	资源能源回收利用技术	草甘膦副产氯甲烷的清洁回收技术
100			二苯醚类除草剂原药生产废酸、废水、废渣中有利用价值的物质回收利用技术
101			草甘膦母液资源化回收利用技术
102	行业通用技术		企业能源管理技术
103		组合技术	醇氨联产先进技术集成工艺
104			氮肥生产节电 200 度工程
105			氮肥生产污水零排放技术
106			密闭电石炉生产工艺组合 1
107			密闭电石炉生产工艺组合 2
108			离子膜烧碱生产工艺组合
109			隔膜法烧碱生产工艺改造组合
110			电石法聚氯乙烯生产工艺组合

三、有色金属行业

序号	技术类别	子行业	技术名称
1	生产过程节能减排技术	铝冶炼	铝土矿一段棒磨二段球磨–旋流分级技术
2			拜耳法生产砂状氧化铝技术
3			氧化铝管式降膜蒸发技术
4			氧化铝深锥高效沉降槽技术
5			铝电解槽新型导流结构节能组合技术
6			新型阴极结构铝电解槽节能技术
7			低温低电压铝电解槽结构优化技术
8			铝电解槽新型焦粒焙烧启动技术
9			低温低电压铝电解工艺用导气式阳极技术
10			铝电解槽高润湿耐渗透 TiB2/C 复合阴极技术
11			铝电解槽"全息"操作及控制技术
12			铝电解阳极电流分布在线监测技术
13			铝电解"三度寻优"技术
14			铝电解槽焙烧自动控制技术
15			铝电解槽全自动温控燃气焙烧技术
16			预焙铝电解槽电流强化与高效节能综合技术
17			铝电解系列（全电流）不停电停开槽技术

序号	技术类别	子行业	技术名称
18			闪速熔炼技术
19			顶吹熔池熔炼技术（奥斯麦特/艾萨熔炼法）
20		铜冶炼	氧气底吹熔炼技术
21			金峰双侧吹熔池熔炼炉及工艺技术
22			不锈钢阴极电解精炼技术
23			基夫赛特法炼铅技术
24			艾萨炉熔炼鼓风炉还原炼铅技术
25		铅冶炼	奥斯麦特法炼铅技术
26			氧气底吹熔炼液态高铅渣侧吹还原炼铅技术
27			氧气底吹熔炼液态高铅渣底吹还原炼铅技术
28			立模浇铸铅大极板电解技术
29			硫化锌精矿常压富氧直接浸出技术
30			硫化锌精矿加压氧气直接浸出技术
31	生产过程节能减排技术	锌冶炼	锌氧化矿及二次物料溶剂萃取提取锌工艺
32			硫酸锌溶液中钴的锌粉–砷盐净化工艺
33			湿法炼锌生产中铁的分离–针铁矿法沉铁工艺
34			锌精矿湿法炼锌长周期电积技术
35			新型回转窑煅烧技术
36			新型套筒竖窑煅烧技术
37		镁冶炼	新型蓄热式还原炉燃烧技术
38			新型蓄热竖罐还原炉燃烧技术
39			新型连续蓄热式精炼炉精炼技术
40			无氧铜带水平连铸带坯–高精冷轧技术
41			上引连续铸造铜杆–连续挤压–冷轧生产铜带技术
42			精炼铜管水平连铸管坯–四辊行星轧制–盘拉技术
43		铜、铝加工	铜管上引连铸管坯–高速轧制–拉伸技术
44			上引连铸铜杆–连续挤压生产铜棒（型）技术
45			多面、多线潜流连铸技术
46			电解铝液直接制备锭坯技术
47			蓄热式熔炼炉熔炼铝合金技术

序号	技术类别	子行业	技术名称
48	生产过程节能减排技术	有色金属采矿	现场混装炸药技术
49			矿山生产自动调度及管理系统
50			半连续排土工艺技术
51			束状孔爆破技术
52		有色金属选矿	含易浮硅酸盐脉石铜矿的选矿技术
53			100m³ 以上机械搅拌式充气浮选机技术
54			高硫铅锌矿整体利用技术
55			复杂铅锌铁硫化矿的选矿技术（FKNSP）
56			复杂难处理富锗硫化氧化混合铅锌矿的选矿技术
57			铝土矿选矿脱硅预富集技术
58			磁性衬板技术
59			电位调控浮选技术
60	资源能源回收利用技术		氧化铝赤泥选铁技术
61			氧化铝焙烧余热回收技术
62			废内衬及炭渣循环利用技术
63			湿法炼锌工艺挥发窑渣综合利用技术
64			锌浸出渣银浮选回收技术
65			锌浸出渣无害化处理技术
66			铝带、铝箔轧制油在线回收技术
67			高浓度全尾砂自流胶结充填技术
68			井下废石就地充填技术
69	污染物治理技术		布袋收尘-动力波脱硫技术
70			有机溶液循环吸收脱硫技术
71			DS-低浓度二氧化硫治理技术
72			活性焦脱硫技术
73			金属氧化物吸收脱硫技术
74			湿法冶金含酸雾烟气治理技术
75			贵金属回收工序高浓度 NO_x 烟气干法治理技术
76			铝电解槽上部多段式烟气捕集技术
77			新型电解铝烟气干法净化技术

续表

序号	技术类别	子行业	技术名称
78			锌精矿焙烧烟气净化除汞技术
79			HDS 石灰法废水治理技术
80	污染物治理技术		冶炼废水深度处理技术
81			控制硫化法处理矿山酸性废水技术
82			重金属废水生物制剂法深度处理与回用技术
83			有色行业高浓氨氮废水资源化处理技术

四、汽车行业

序号	分类	工序/分类	技术类别	技术名称
1				内高压成形技术
2		冲压工序	生产过程节能减排技术	"吸隔共用"降噪技术
3				伺服驱动压力机技术
4				混流柔性焊接生产线技术
5			生产过程节能减排技术	焊机节能技术（以一体化逆变焊机为代表）
6		焊接工序		焊装车间配电设计优化技术
7				汽车工厂焊接群控技术
8			资源能源回收利用技术	自动化高速电弧喷涂技术
9			污染物治理技术	焊装车间烟尘收集技术
10	汽车生产			"三湿（3-Wet）"喷涂工艺技术
11				PVC 密封胶不单独烘干工艺技术
12				非磷酸盐转化膜技术
13				高泳透率、低温固化、节能低沉降型阴极电泳涂料技术
14		涂装工序	生产过程节能减排技术	干式喷漆室技术（EcoDryScrubber,干式漆雾捕集装置）
15				滚浸式输送技术（以 RoDip 和多功能穿梭机 Vario-Shuttle 为代表）
16				机器人杯式静电喷涂机技术
17				喷漆室排风循环利用技术
18				涂装清洗水再生循环利用技术
19				烘干室紧凑化、能源混合化技术

续表

序号	分类	工序/分类	技术类别	技术名称
20	汽车生产	涂装工序	生产过程节能减排技术	烘干炉废气焚烧与加热一体化技术（TAR）
21				涂装节水技术
22			污染物治理技术	蓄热室废气集中处理技术（RTO）
23				污水零排放技术
24		总装工序	生产过程节能减排技术	摩擦式输送技术（FDS）
25		其他	生产过程节能减排技术	汽车工厂能源管理技术
26			资源能源回收利用技术	自动化纳米颗粒复合电刷镀技术
27				自动化微束等离子弧熔覆技术
28				激光熔覆再制造技术
29				再制造坯料高温分解清洁技术
30	汽车产品	共性节能技术	传动系统节能技术	高效变速器
31				低能耗车轮
32				电动助力转向
33			整车设计与优化技术	汽车轻量化
34				气动空气阻力优化
35		传统汽车节能技术	发动机节能技术	可变压缩比
36				可变气门正时
37				多气门技术
38				停缸技术
39				增压技术
40				直喷技术
41				电控高压喷射技术
42				废气再循环技术
43			混合动力汽车	怠速启停技术（BSG）
44				集成启动电机技术（ISG）
45				深度混合动力技术
46		替换燃料汽车技术	天然气基燃料汽车	天然气汽车技术
47			生物质基燃料汽车	纤维素乙醇汽车技术
48				生物柴油汽车技术
49			氢燃料汽车	氢燃料汽车技术
50		新能源汽车技术	插电式混合动力汽车	插电式混合动力（PHEV）汽车技术
51			纯电动汽车	纯电动汽车技术

续表

序号	分类	工序/分类	技术类别	技术名称
52	汽车产品	新能源汽车技术	纯电动汽车	增程式电动汽车技术
53				电空调技术
54				电制动技术
55			燃料电池汽车	燃料电池汽车技术

五、轻工行业

序号	子行业	技术类别	技术名称
1	造纸行业	生产过程节能减排技术	干湿法备料——横管连蒸技术
2			黑液挤压——扩散置换集成提取技术
3			废纸鼓式连续碎浆技术
4			浮选法脱墨技术
5		污染物治理技术	固体废弃物的生物质能源利用技术
6	皮革行业	生产过程节能减排技术	无硫、低硫保毛脱毛技术
7			制革浸灰废水循环利用技术
8			制革无铵盐脱灰软化技术
9			高吸收铬鞣技术
10			制革、毛皮铬鞣废液循环利用技术
11		资源能源回收利用技术	制革、毛皮加工经处理的终端废水循环利用技术
12			制革废毛及废渣制备工业用蛋白材料技术
13	制糖行业	生产过程节能减排技术	低碳低硫制糖新工艺
14			全自动连续煮糖技术
15			甜菜干法输送技术
16			制糖过程集成控制系统
17		资源能源回收利用技术	烟道气余热利用技术
18		污染物治理技术	糖厂废水深度处理与循环利用技术
19	发酵行业	生产过程节能减排技术	高性能温敏型菌种发酵生产谷氨酸技术
20			新型色谱分离提取柠檬酸技术
21			高性能温敏型菌种/连续浓缩等电转晶工艺技术
22		资源能源回收利用技术	机械式蒸汽再压缩技术
23		污染物治理技术	新型ASND法处理高浓度氨氮废水技术
24			高效有机气溶胶烟气治理技术

续表

序号	子行业	技术类别	技术名称
25	酒精行业	生产过程节能减排技术	淀粉质原料低温液化工艺技术
26			浓醪发酵技术
27			酒精差压蒸馏技术
28		资源能源回收利用技术	发酵 CO_2 回收、净化、利用技术
29		污染物治理技术	废水生化处理技术（薯类全糟液厌氧发酵生化处理技术）
30	啤酒行业	生产过程节能减排技术	煮沸新技术一：低压动态煮沸和煮沸锅二次蒸汽回收技术
31			煮沸新技术二：间歇煮沸和蒸发二次蒸汽回收技术
32			麦汁冷却过程真空蒸发回收二次蒸汽利用技术
33		资源能源回收利用技术	清洗剂（碱液）回收循环利用技术
34			提高二氧化碳回收利用率技术
35		污染物治理技术	沼气双重发电和制冷技术
36	电池行业	生产过程节能减排技术	板栅浇铸减渣剂降铅耗技术
37			铅蓄电池板栅拉网式工艺技术
38			铅蓄电池极板连铸连轧/冲网工艺技术
39		资源能源回收利用技术	电池化成放电能量回收技术
40		其他节能减排技术	锂离子电池用于轨道交通技术
41	制盐行业	生产过程节能减排技术	两碱法卤水净化技术
42			石灰–烟道气法卤水净化技术
43			机械热压缩（MVR）制盐技术
44			五效真空蒸发制盐技术
45			热法蒸发析硝盐硝联产技术
46			三相流分效预热防结垢节能技术

六、纺织行业

序号	技术类别	技术名称
1	生产过程节能减排技术	生物酶精炼技术在纺织印染前处理中的应用
2		棉针织物的短流程染整新技术
3		高效短流程前处理助剂及工艺
4		QR 低温练漂剂及其工艺
5		棉织物冷轧堆前处理助剂及其工艺

序号	技术类别	技术名称
6		印染调浆在线自动控制系统
7		浓碱液 pH 值在线检测及控制系统
8		气胀式筒状针织丝光机
9		高效节能、环保型数字化连续丝光技术
10		活性染料无盐轧蒸连续染色工艺
11		活性染料湿蒸法轧染技术
12		活性染料新型染色碱
13		毛纺行业低温染色技术
14		水洗面料连续涂料染色技术
15		高温高压气流染色技术
16	生产过程节能减排技术	匀流染色技术
17		小浴比卷染技术
18		高效、节能节水的酸性净洗剂
19		高速纺织品数码喷印系统
20		冷转移印花技术及冷转移数码喷墨技术
21		松香酸析脱色回用技术
22		镍网感光胶膜脱除新技术
23		高效节能针织平幅水洗技术
24		泡沫整理技术
25		多单元逆流水洗在丝光低张力净洗技术
26		半缸染色节能工艺技术
27		蜡染行业节水节汽技术
28		印染企业污水热能回收技术
29		定型机废气热回收技术
30		定型机节能和热能回用技术
31	资源能源回收利用技术	pH 型连续扩容蒸发器
32		定型机废气余热回用净化技术
33		热管式余热蒸汽发生技术
34		工业静电式烟（油）雾净化-回收技术
35		热泵余热回收技术
36		有机热载体炉供热技术

序号	技术类别	技术名称
37	资源能源回收利用技术	DT 隔热保温涂料
38		利用废旧聚酯瓶生产涤纶长丝、短丝技术
39		废弃纤维制造新型墙体保温板技术
40		印染行业太阳能热水系统
41	污染物治理技术	活性染料一步法无盐染色印染废水深度处理技术
42		印染废水深度处理及回用技术
43		印染废水膜法处理回用技术
44		针织废水回用技术
45		新型矿物絮凝剂在印染废水深度处理中的应用
46		漂染废水处理及回用技术
47		印染废水污泥干燥焚烧技术
48	其他节能减排技术（产品技术或综合管理节能技术等）	印染生产过程湿度在线监控系统
49		印染全自动控制系统
50		美湿卡 TM 烘燥回潮率、排湿率在线测控装置
51		纺织企业能源系统优化工程

七、电子信息行业

序号	子行业	分类	技术类别	技术名称
1	电子材料行业		生产过程节能减排技术	改进型多晶硅还原炉热能转换技术
2				低温共烧陶瓷（LTCC）技术
3			资源能源节约与综合利用技术	改良西门子法物料回收综合利用技术
4			产品节能技术	宽禁带半导体材料
5				封装焊接铜线材料
6				Sn-Zn-Bi-Cr 合金无铅焊料

| 附件3 | 重点行业节能减排先进适用技术目录清单

续表

序号	子行业	分类	技术类别	技术名称
7	电子元器件行业	基础电子元件	生产过程节能减排技术	新型节能氮气氛保护推板窑
8				宽截面辊道窑炉技术
9			产品节能技术	电子膨胀阀技术
10				高强度气体放电灯用大功率电子镇流器技术
11		PCB行业	资源能源节约与综合利用技术	蓄热式废气焚烧炉
12			污染物治理技术	废旧电路板物理回收技术
13		半导体	生产过程节能减排技术	低耗能洁净厂房技术
14			产品节能技术	低能耗芯片技术
15				绝缘栅双极晶体管（IGBT）
16	整机行业	微特电机	产品节能技术	智能变频模块
17				无刷直流变频电机
18		液晶显示器	产品节能技术	低成本超低功耗待机电源技术
19				超低待机和图像内容检测及光感应动态节能技术
20				优化背光效率技术
21		计算机	产品节能技术	刀片服务器节能技术
22		信息家电	生产过程节能减排技术	冰箱真空绝热技术
23			产品节能技术	蒸发式冷凝器节能技术
24		LED	产品节能技术	照明用高效智能节电控制器
25				户外LED照明灯
26		废旧电器回收	污染物治理技术	冰箱发泡剂加压旋风分离技术
27				CRT玻璃回收技术-电热丝切割技术
28				废锌锰电池真空热解技术
29				废旧电池有价金属回收技术
30				废日光灯回收技术-真空热解技术
31	信息服务业	主设备	生产过程节能减排技术	分布式基站
32				多载波基站
33			产品节能技术	室外标准化机柜
34		空调及环境	生产过程节能减排技术	蓄电池恒温箱

— 275 —

序号	子行业	分类	技术类别	技术名称
35	信息服务业	空调及环境	资源能源节约与综合利用技术	智能通风
36			污染物治理技术	基站定制空调
37				热管换热机组
38			产品节能技术	中央空调主机变频技术
39		供电系统	产品节能技术	高频开关整流器休眠技术
40				高压直流供电技术（HVDC 供电技术）
41	能源管理系统		能源管理技术	无功补偿技术
42				数字可视化监管平台技术

八、建材行业

序号	子行业	技术类别	技术名称
1	水泥行业	生产过程节能减排技术	矿山优化开采技术
2			生料立磨及煤立磨粉磨技术
3			高效篦式冷却机技术
4			大推力、低一次风量多通道燃烧技术
5			辊压机+球磨机联合水泥粉磨技术
6			立磨终粉磨水泥技术
7			NO_x 减排技术
8		资源能源回收利用技术	利用预分解窑协同处置危险废物技术
9			利用预分解窑协同处置城镇污水厂污泥技术
10		污染物治理技术	高效低阻袋式除尘技术
11		其他节能减排技术	水泥企业 ERP 解决方案
12	平板玻璃行业	生产过程节能减排技术	浮法玻璃熔窑 0#喷枪纯氧助燃技术
13			窑炉大型化技术
14			甲醇裂解制氢技术
15		资源能源回收利用技术	利用玻璃熔窑烟气余热发电技术

续表

序号	子行业	技术类别	技术名称
16	平板玻璃行业	资源能源回收利用技术	燃煤玻璃生产线烟道残留煤气回收利用技术
17		污染物治理技术	湿法脱硫技术
18			余热发电、除尘脱硝、脱硫一体化技术
19	建筑卫生陶瓷行业	生产过程节能减排技术	大型喷雾干燥塔技术
20			卫生陶瓷压力注浆成型工艺技术
21			卫生陶瓷低压快排水成型工艺技术
22			五层智能干燥器技术
23			少空气干燥器技术
24			双层烧成辊道窑技术
25			抛光砖宽体辊道窑技术
26		资源回收利用技术	轻质陶瓷板生产技术
27			干挂空心陶瓷板生产技术
28			薄型陶瓷砖湿法成型生产技术
29		污染物治理技术	喷雾干燥塔除尘脱硫技术
30	烧结砖瓦行业	生产过程节能减排技术	大型隧道窑焙烧技术
31			烧结保温砌块技术
32			烧结煤矸石砖技术
33			烧结粉煤灰砖技术
34			烧结淤泥制砖技术
35		资源能源回收利用技术	隧道窑余热人工干燥技术
36			隧道窑余热利用技术
37			大隧道窑余热发电技术
38		污染物治理技术	砖瓦湿法烟气脱硫技术
39	石灰行业	生产过程节能减排技术	先进大型化石灰窑技术
40		资源能源回收利用技术	石灰窑废气回收液态 CO_2 技术
41			石灰窑余热回收利用技术
42		污染物治理技术	石灰窑除尘及烟气治理技术
43	玻璃纤维行业	生产过程节能减排技术	无硼无氟配方技术

九、装备制造业

序号	子行业	技术类别	技术名称
1	铸造行业	生产过程节能减排技术	多供电（一拖二、一拖三）感应电炉供电技术
2			外热风水冷长炉龄冲天炉熔炼设备
3			中小铸铁件流水线余热时效退火技术
4			大型铸铁件地坑控温余热时效退火技术
5			频谱谐波时效技术
6			精密组芯造型铸件近净成形技术
7		资源能源回收利用技术	黏土砂、呋喃树脂砂铸造废砂循环再生技术
8			酯硬化水玻璃砂（或碱性酚醛树脂砂）干热法再生技术
9		污染物治理技术	冲天炉高效余热利用及除尘一体化技术
10		其他节能减排技术（产品技术或综合管理节能技术等）	金属液过滤技术
11			发热保温冒口技术
12	锻压行业	生产过程节能减排技术	程控液压锻锤
13			精密剪切技术
14			前上料短行程铝挤压技术
15			精密冲裁成形技术
16			高效率空气自身预热烧嘴
17			非调质钢在锻件中的应用
18			多工位高速精密成形技术
19			锻造模拟技术
20			冷摆动辗压成形技术
21			电动螺旋压力机
22		资源能源回收利用技术	锻后余热热处理技术

续表

序号	子行业	技术类别	技术名称
23	热处理行业	生产过程节能减排技术	真空热处理技术
24			可控气氛热处理技术
25			加热炉陶瓷纤维炉衬保温技术
26			晶体管电源感应加热技术
27			计算机精密控制热处理技术
28			化学热处理催渗技术
29		资源能源回收利用技术	高效空气换热技术
30		污染物治理技术	多功能淬火冷却技术
31			真空清洗技术
32	轴承行业	生产过程节能减排技术	轴承精密冷辗扩技术
33			轴承钢管冷冲切无切屑下料技术
34			轴承套圈高速精密锻造技术
35			轴承套圈三联套锻工艺技术
36			G8SiMnMoVRE耐冲击高淬透性轴承钢应用技术
37			轴承钢智能退火技术
38			轴承套圈锻造整径技术
39		资源能源回收利用技术	双层辊底式连续球化退火炉余热利用退火技术
40		污染物治理技术	轴承企业工业废水处理及回用技术
41			磨削液集中供应、过滤、处理、循环使用技术
42	内燃机行业	污染物治理技术	内燃机排气后处理系统
43		其他节能减排技术（产品技术或综合管理节能技术等）	高压共轨燃油喷射技术
44			点燃式内燃机缸内直喷燃油喷射系统
45			点燃式内燃机缸内直喷燃烧技术
46			柴油机组合式电控单体泵燃油喷射系统
47			内燃机替代燃料——醇燃料燃烧技术
48			内燃机热能综合梯级利用技术
49			内燃机废气再循环系统
50			非道路移动用柴油机优化匹配与节能技术
51			低摩擦及机械效率提升技术

续表

序号	子行业	技术类别	技术名称
52			细晶非调质钢应用技术
53			紧固件模具优化技术
54			紧固件新型除锈工艺技术
55			紧固件锻造加热设备优化技术
56	紧固件与弹簧行业	生产过程节能减排技术	热处理网带炉氮——甲醇保护气氛
57			紧固件少无切削加工技术
58			紧固件中低温磷化技术
59			回火炉保温层改造技术
60			热卷弹簧碾尖、卷绕与连续中频淬火技术
61			黑色磷化技术
62	再制造行业	资源能源回收利用技术	机床行业再制造技术
63			汽车零部件行业再制造技术

十、船舶行业

序号	子行业	技术类别	技术名称
1			空压站循环冷却水余热回收利用技术
2			电力能源网络管理系统技术
3			动能统筹优化配控技术
4			组立焊接生产线干线节电技术
5			焊接设备生产过程网络化集群监控技术
6	船舶绿色制造	能源节约技术	分段涂装车间除湿系统节能技术
7			空压机站运行监控系统技术
8			船舶及海工涂装车间燃气辐射加热系统（CHPT-CRV-HS）技术
9			天然气代替乙炔技术
10			变电所供配电系统谐波治理节电技术

续表

序号	子行业	技术类别	技术名称
11			船舶无余量建造技术
12			"一笔画"切割技术
13			跟踪补涂油漆工艺技术
14		资源节约与综合利用技术	耐高温车间底漆
15			有机溶剂回收利用技术
16			二氧化碳限流接头技术
17	船舶绿色制造		船厂水资源综合利用技术
18			水下等离子切割机水床内废水循环处理装置技术
19			润滑油投油回收再利用技术
20			等离子切割机除尘器吹风导流装置技术
21		污染物控制与处理技术	高真空焊接烟尘净化技术
22			修船污油水处理后直接排放技术
23			船舶拆解系统预清理技术
24			AMP船舶电源系统在大型集装箱运输船上的应用技术
25			超级油轮（VLCC）减少压载舱内淤泥堆积技术
26		能源节约技术	船舶舵球-舵鳍系统节能技术
27	绿色船舶产品		船舶不对称船尾节能技术
28			船舶组合式水动力附加节能装置技术
29		污染物控制与处理技术	L16/24、L23/30系列船用中速柴油机满足IMO TierⅡ排放控制技术

十一、医药行业

序号	子行业	技术类别	技术名称
1			无机陶瓷组合膜分离技术
2	发酵类制药	生产过程节能减排技术	纳滤分离浓缩技术
3			移动式连续离子交换色谱分离技术
4		资源能源回收利用技术	发酵废液制沼气资源综合利用技术

续表

序号	子行业	技术类别	技术名称
5	化学合成类制药	生产过程节能减排技术	高效动态轴向压缩工业色谱技术
6		资源能源回收利用技术	活性炭纤维吸附回收技术
7			冷凝回收技术
8			渗透汽化膜技术
9	提取类制药	资源能源回收利用技术	胰弹性酶和激肽原酶联产技术
10			肝素系列产品综合生产技术
11	中药类制药	生产过程节能减排技术	中药提取分离过程自动化控制技术
12			超临界二氧化碳萃取技术
13	生物工程类制药	生产过程节能减排技术	微载体高密度细胞培养技术
14			外置过滤器连续灌流细胞培养技术
15	制剂类制药	生产过程节能减排技术	三合一无菌制剂生产技术
16			负离子空气洗瓶技术
17	制药工业污染物治理		高效蒸发-上流式厌氧污泥床（UASB）-循环式活性污泥法（CASS）组合技术
18			水解酸化预处理-序批式生物反应器（SBR）组合技术
19			水解预处理-膜生物反应器（MBR）-气浮组合技术
20			水解-接触氧化组合技术
21			上流污泥床厌氧过滤器（UBF）-循环式活性污泥法组合技术
22			微电解-水解酸化-生物接触氧化组合技术
23			芬顿试剂氧化-上流式厌氧反应器-好氧移动床生物膜反应器集成技术
24			两级复合式水解酸化-好氧生物处理-两级曝气生物滤池组合技术
25			内循环厌氧反应器-生物接触氧化-氧化沉淀组合技术
26			化学氧化-厌氧-好氧生物技术法组合技术
27			催化氧化-兼氧生化-循环式活性污泥法组合技术
28			四效蒸发-水解酸化-CASS-生物接触氧化-气浮组合技术
29			厌氧-水解-生物接触氧化组合技术
30			混凝-厌氧-好氧技术组合技术
31			水解-接触氧化-消毒组合技术
32			絮凝气浮-上流式厌氧污泥床-接触氧化组合技术
33			酸碱废气三级降膜吸收洗涤技术
34			异丙醇-HCl废气的水-二级碱吸收处理技术